THE KIDS' BOOK OF SIMPLE MACHINES

机械工程启蒙
简单机械背后的物理学

[美] 凯利·杜德纳（Kelly Doudna） 著

舒丽苹 译

机械工业出版社
CHINA MACHINE PRESS

这是一本互动性强的机械工程启蒙和DIY实验的科普书，它深入浅出地介绍了杠杆、斜面、楔、螺旋、轮轴、滑轮这六种简单机械。简单机械可以改变力的大小和方向，它是牛顿力学主要的研究对象。了解并学会使用这六种简单机械，孩子会发现自己纤细的胳膊也会产生巨大的力量。书中给每种简单机械都配备了简单的实验，从著名科学家和发明家的介绍，到简单机械本身的介绍，再到简单机械的应用实例，包括大型机械中简单机械的作用，孩子可以在本书一步步的指引下，深入地了解这些机械的原理和使用。

本书是孩子了解机械、了解物理，培养对科学的兴趣非常好的读本，适合广大青少年阅读。

The Kids' Book of Simple Machines © 2015 Kelly Doudna. Original English language edition published by Mighty Media 5115 Excelsior Blvd., #466, Minneapolis Minnesota 55416, USA. Arranged via Licensor's Agent: DropCap Inc. All rights reserved.

此版本可在全球（不包括香港、澳门特别行政区及台湾地区）销售。未经出版者书面许可，不得以任何方式抄袭、复制或节录本书中的任何部分。

北京市版权局著作权合同登记　图字：01-2024-3823号。

图书在版编目（CIP）数据

机械工程启蒙：简单机械背后的物理学 /（美）凯利·杜德纳（Kelly Doudna）著；舒丽苹译. -- 北京：机械工业出版社，2025.8. -- ISBN 978-7-111-78781-5

Ⅰ. TH-49

中国国家版本馆CIP数据核字第2025JC6887号

机械工业出版社（北京市百万庄大街22号　邮政编码100037）
策划编辑：黄丽梅　　　　　责任编辑：黄丽梅　王春雨
责任校对：郑　婕　张亚楠　　封面设计：马精明
责任印制：单爱军
北京华联印刷有限公司印刷
2025年8月第1版第1次印刷
190mm×210mm・7印张・153千字
标准书号：ISBN 978-7-111-78781-5
定价：69.00元

电话服务　　　　　　　　　　网络服务
客服电话：010-88361066　　　机　工　官　网：www.cmpbook.com
　　　　　010-88379833　　　机　工　官　博：weibo.com/cmp1952
　　　　　010-68326294　　　金　书　网：www.golden-book.com
封底无防伪标均为盗版　　　　机工教育服务网：www.cmpedu.com

CONTENTS

目 录

简单机械   6
【伟大人物】阿基米德   7
六种简单的机械结构   8
【伟大人物】伽利略·伽利雷   11
科学家的工作方式   11

必备工具   12
给"小小科学家"的提示   15

什么是杠杆？   16
日常生活中的杠杆   20
【聚焦】剪刀   24
1-2-3 我明白了   26
用杠杆来"举升"物体   28
杠杆发射装置   30
神秘的平衡   32

什么是斜面？   36
日常生活中的斜面   38
【聚焦】弹珠机   42
神秘力量的来源   44

桌面弹珠台	46
神奇的弹珠运输装置	50
过山车赛道	52

什么是楔？   54

日常生活中的楔形结构工具	56
【聚焦】犁	60
犁地	62
切分肥皂	64
可爱的肥皂恐龙雕塑	66
将它们连接在一起（第1部分）	68
用楔形物让它变成更加标准的正方形	70

什么是螺旋？   72

日常生活中的螺旋	74
【聚焦】螺旋桨	78
神奇的阿基米德螺旋泵	80
斜面变螺旋	82
拧螺钉	84
将它们连接在一起（第2部分）	86
压紧物体	88

什么是轮轴？   90

日常生活中的轮轴	92

【聚焦】摩天轮	96
奇妙的轮式货车	98
漂亮的风车！	100
旋转翅膀的纸鸟	102
玩具气球车	104
旋转的勺子	106

什么是滑轮？ 108

日常生活中的滑轮	110
【聚焦】电梯	114
旗帜飘扬	116
小型百叶窗模型	118
轻松提升	120
经典晾衣绳	122
拔河	124

将它们全部组合在一起！ 126

【伟大人物】鲁布·戈德堡	127
寻找日常生活中的复合机械	128
简单的事情复杂做	132

就是这么简单！ 138

简单机械

日常生活中,简单的机械结构可以说是随处可见,有些装置甚至已经存在了数千年之久。那些灿若星辰的古代科学家们,正是通过发现、运用这些简单机械结构,才能够日复一日、年复一年地观察、改造我们这个世界。古代科学家们深刻地意识到,哪怕只是一些简单的机械结构,依然能够大幅提高人类的生产率,进而改善人们的生活质量。现如今,人们已经能够熟练地运用简单机械结构来完成几乎所有类型的工作和任务。举例来说,你每天用来吃东西的餐叉,就是一种简单的机械;而那种能够将捕鲨笼精准定位到预定海底位置的机械臂,也是机械设备。这么说吧,你每天都要骑的自行车,就是由一些简单的机械结构组合而成的,骑上它,你就能够在城市、乡村尽情徜徉了。而这些,就是机械带给人们的便利。

毫无疑问,机械能够让人们的工作变得更加简单,这是它的最大优势和意义。当然,这里我们所说的"工作"是一个动词,指的是为了达到一个目的、完成一项任务,我们需要付出的劳动,而并非那些常规意义上能够给你带来报酬和薪水的"工作"。举例来说,"开门"就是我们这里所说的"工作","在公园里的滑梯上飞速下滑",以及"在一场曲棍球比赛中射门得分",也都是我们所说的"工作"。在这些工作场景中,门把手、滑梯轨道以及曲棍球棍,都是简单的机械。总而言之,每一种简单的机械设备、结构,都可以帮助人们完成某些特定类型的工作。

本书向小朋友们介绍了六种简单的机械结构,笔者将尽可能地帮助读者弄清楚每一种机械结构的工作原理。值得一提的是,本书中所涉及的几种机械结构,都是人们在日常生活中随时随地都能见到、甚至是使用到的工具。来吧,小朋友们,我们一起来完成一项有趣的任务。通过阅读本书,读者能够了解到简单机械结构的工作原理,弄清楚它们究竟是如何让我们的"工作"变得更简单、更有趣的。本书中所提及的一部分工作活动,读者们都可以轻松、快速地完成;而另外一些,则或许需要更多的时间。不过无论如何,我向大家保证,只要严格按照书中所讲述的步骤来操作,那么每一位小读者都可以在很短的时间内成为"机械大师"。

六种类型

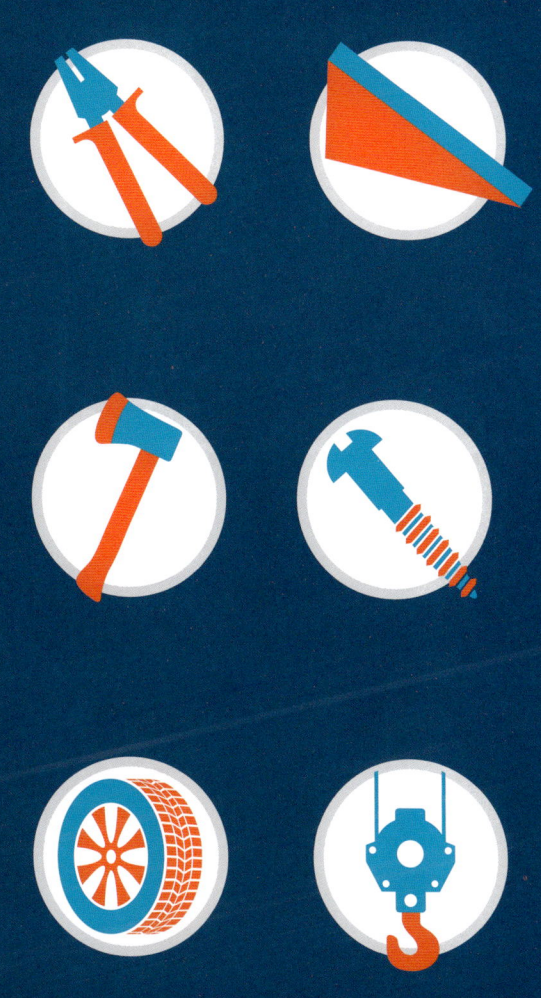

【伟大人物】
阿基米德

出生：（约）公元前287年，西西里岛的锡拉丘兹（现属于意大利）
去世：（约）公元前212年，西西里岛的锡拉丘兹

阿基米德是古希腊著名的科学家，同时他还是一位伟大的发明家。在他所处的那个年代，阿基米德便开始深入研究数学、物理学、工程学以及天文学。有这样一个例子，能够证明阿基米德对于研究工作的投入程度：某一年，罗马人占领了他所生活的城市，然而即便如此，阿基米德依然拒绝停止他的数学研究工作。

阿基米德总共研发出了三种简单的机械结构，他向世人证明，滑轮、螺旋以及杠杆，都能够在特定领域发挥出令人难以置信的优势，从而帮助人们更好地完成工作。关于杠杆，阿基米德曾经有过这样的一句名言，"给我一个支点，我就能撬起整个地球。"时至今日，这句名言依然在全世界广泛流传。

六种简单的机械结构

杠杆

斜面

亲爱的小朋友们，你们在公园里玩过跷跷板吗？它能让你和小朋友们都非常开心吧？可是你知道吗？跷跷板也是一种简单的机械结构，它是"杠杆"在日常生活中一个最为常见的应用。

理论上，任何长直、硬质的物体——比方说棍棒和木板——都可以作为杠杆来为人们提供帮助。值得一提的是，杠杆必须与"支点"一道协同工作，杠杆围绕支点进行旋转运动，而人们需要移动的物体，则位于杠杆的一端。这样一来，人们就可以通过控制杠杆的另外一端，来撬动需要移动的物体了。

小朋友，你喜欢吃麦片吗？当你倾斜容器的时候，那些麦片会"听话"地滑向碗里。请相信，在不经意之间，你已经在运用"斜面"这种简单的机械结构了。

简而言之，"斜面"就是一个斜坡，这种简单的机械结构，能够减小上下移动物体时人们需要用的力。

让我们来设想几个日常生活中的场景：也许你想要带点儿小零食去你的树屋里玩耍，也许你在溜冰时想要加快一些滑行速度，甚至是你想让年幼的妹妹远离你的卧室……可以肯定的是，无论你想要完成哪项工作，总会有一种简单的机械结构能够帮助到你。

楔

楔形

今天是你的生日吗？来，让我们用一种简单的机械结构来切生日蛋糕！我们用来切蛋糕的刀具，就是一种楔形机械结构，你能够用它将蛋糕随心所欲地切分，这样一来，你就可以和自己的小伙伴们快乐地分享美味啦！

楔形与三角形有着类似的形状，而根据工作需要的不同，人们可以制作出各种厚度的楔形结构。在日常生活中，人们往往用楔来切分东西；此外，这种机械结构也可以被插在物体之间的缝隙当中，以阻止它们发生相对运动。

螺旋

螺旋

小朋友们，我想在你们各自的背包里，肯定都装着一瓶饮用水吧？你们注意到了吗，水瓶瓶口位置被设计成了一种螺旋结构，这样一来，瓶盖就能严丝合缝地拧在瓶口上，水也就不会倾洒出来了。水瓶瓶口的这种螺旋结构，就是"螺旋"。

从本质上来说，螺旋是围绕圆形中心缠绕、旋转的倾斜平面。在日常生活中，人们往往用螺旋结构来将两个物体更加紧密地固定、连接在一起。值得一提的是，有一种螺旋结构，甚至能够将水或者其他物质"搬运"到更高的位置。

确切的事实

在现实生活中，人们可以联合使用多种简单的机械结构，以完成复杂程度相对更高的工作。我们称这种复杂程度更高的机械结构为"复合机械结构"。

轮轴

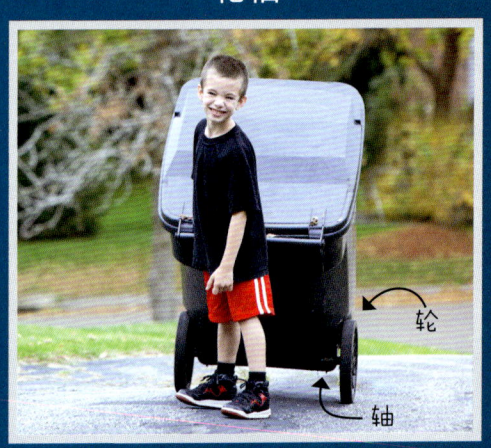

滑轮

可以肯定的是，垃圾分类是所有家庭都要面对的日常家务类型之一。可是你要知道，垃圾箱可是非常重的！不过，只要我们合理运用轮轴，那么移动垃圾箱就不再是一项难以完成的任务了。由轮轴组成的机械装置，能够让人们轻而易举地挪动那些沉重的物体。

轮子在日常生活中随处可见，而轴则是穿过轮子中心的硬质圆柱形杆状结构。人们能够轻松地推动一辆装配有车轮和轴的手推车，这样一来，他们就可以轻松地将重物移动到很远的地方。

小朋友，你的鞋带松了吗？实际上，你系鞋带的过程，就利用了滑轮这种机械结构。当你把鞋带穿过鞋带孔的时候，鞋带孔便充当了"滑轮"，它们能够帮助你用鞋带将鞋子的两侧松紧适度地收拢在一起。

滑轮是用来提升、牵引物体的轮子或者是其他支撑结构。通常情况下，滑轮是一个周边有槽、能够绕轴转动的小轮，它由可绕中心轴转动的、有沟槽的圆盘，以及嵌置在轮槽内的绳索、绳缆所组成。当我们需要提升、牵引重物时，我们将物体固定在绳索的一端，然后拉动另外一端，就可以通过滑轮来完成这项工作。

【伟大人物】
伽利略·伽利雷

出生：1564 年，意大利佛罗伦萨省比萨市
去世：1642 年，意大利托斯卡纳大区阿切特里

伽利略是意大利伟大的科学家和哲学家，他的科研成果不胜枚举，这其中便包括伽利略卫星（木卫一、木卫二、木卫三、木卫四）的发现。以现代人的评判标准来看，伽利略无疑是非常伟大的，然而在几百年前的欧洲，他的某些想法却被认为过于激进，甚至是离经叛道，以至于令很多宗教人士感到恐慌和害怕。在伽利略一生的最后几年时间里，他被宗教审判所软禁在自己的家里，不得外出。

伽利略一生都在研究物理学、数学、工程学以及天文学，此外他还对简单的机械结构有所涉猎。伽利略明确指出，简单的机械装置、结构并不能自行产生能量，但是它们能够将外界输入的能量进行转化，从而帮助人们更加轻松地完成各项工作。

科学家的工作方式

科学家通常都拥有一套特殊的工作方式，他们在研究、实验过程中，总是遵循特定的步骤，这就是所谓的"科学方法"。那么，只要能够领悟这些方法，你也可以像科学家那样工作！接下来，按照以下步骤，准备好铅笔和笔记本，写下你的问题、想法和发现：

1 研究 阅读有关简单机械结构、装置的相关资料，思考你所遇到的问题，并将它们一一记录在笔记本上。

2 假设 尽可能回答你在步骤 1 中所记录下来的每一个问题，你认为正确的答案是什么？把它们写下来。

3 实验验证 进一步研究和探索，然后制定出一个实验计划并将其完成。实验过程中发生了什么？记录下来。

4 分析 在这一步，你需要仔细思考实验结果，并且与步骤 2 的假设相互印证。你的假设正确吗？如果是正确（或错误）的，为什么？在这一阶段，你需要分析实验结果，并且记录下你的发现。

5 继续思考 在完成前面 4 个步骤之后，你还有其他待解决的问题吗？接下来，做更多的研究和探索，再次尝试实验验证，以便能够找到更多有价值的发现。

必备工具

下列物品，是你完成本书中所有项目和活动所需要的一些物品

锤子　　衣架　　粗绳子　　开孔器　　热熔胶枪/热熔胶棒

弹珠　　记号笔　　微型木钉　　钉子　　涂料搅拌棒

涂料刷　　纸杯　　纸盘　　水果刀　　带橡皮擦的铅笔

硬币　　十字槽木螺钉　　乒乓球　　塑料瓶　　塑料瓶盖

必备工具（续）

玩具车	三棱尺	麻绳
垫圈	蝶形螺母	电线
木箱	木质工艺棒	木扦
小方木块	木轮	带拉链的塑料袋

给"小小科学家"的提示

认识、学习简单机械机构，这是一个非常有趣的过程，更加重要的是，它还是一个轻松、简单的过程。当然了，我们依然要牢记几项关键的基本原则，以便保证自己在学习过程中的安全。本书中所涉及的某些工作任务，建议我们的"小小科学家"们在成年人的帮助和协助下进行，因为这些工作需要我们使用一些尖锐、高温或者是电动工具。总而言之，在正式开始任何一项任务之前，你们都务必要对整个过程进行预习，同时必须要准备好在有必要的情况下寻求帮助。

关键的符号

在本书中，你们将看到一些特殊的符号，它们的具体含义如下：

 高温 寻求帮助！你将接触到一些高温物体。

 成年人的协助 寻求帮助！你需要成年人的协助。

 护目镜 请佩戴好你的护目镜！

 尖锐物体 小心！你将要接触到尖锐物体。

什么是杠杆？

杠杆是人类最早发明的简单机械结构之一。不易弯曲的杆、棍或者是木板，都可以被用作杠杆，人们通常使用这种机械结构来移动、提升重物。最早的应用是农民依靠杠杆来将灌溉用水输送到田间地头。后来，士兵在战争中用发石车来攻城略地，而这种装置也是杠杆的一种实际应用。

杠杆需要配合一个"支点"并围绕支点转动，只有如此，它才能正常地工作和运行。支点可以是任何形状，

它可以是非常复杂的结构,也可以仅仅是一块随处可见的石块。一旦杠杆被放置在了支点上,人们就可以用这套简单的机械装置来移动物体了。只要将物体放置在杠杆的一端,那么你下压、抬升其另外一端,物体就会按照你的意图上下移动。

支点到你握持位置的距离越远,移动物体就会越省力。不过需要注意的是,此时,你的手拉动杠杆所需要移动的距离也要变大,才能完成任务。除了杠杆的长短之外,支点的位置也会影响到这一机械结构的作用效果。

按照杠杆的作用效果可以把杠杆分为三类。我们将它们命名为第一类、第二类以及第三类杠杆。

第一类杠杆

第一类杠杆又被称为"等臂杠杆",这一类杠杆的支点位于杠杆的中间位置,负载(你所需要移动的物体)在杠杆的一端。在使用这一类杠杆时,只要你下压或者上抬杠杆的另外一端,那么负载就将向相反的方向运动。日常生活中,第一类杠杆无处不在,举例来说,跷跷板就是典型的第一类杠杆。当你和小朋友一起玩耍时,你坐到跷跷板的一端向下压,那么坐在另外一端的小朋友就会被托举到空中,反之亦然。

第二类杠杆

第二类杠杆又被称为"省力杠杆",在这一类杠杆中,负载作用位置与支点的距离比手推或者拉的位置与支点的距离要短。日常生活中,平开门或者平开窗都是典型的第二类杠杆的具体表现形式。以平开门为例,门铰链是这套杠杆系统的支点,门板自身是负载,每当你开门、关门的时候,都是在利用杠杆完成工作。

第三类杠杆

第三类杠杆又被称为"费力杠杆",这类杠杆的操作位置与支点的距离比负载作用位置与支点的距离短。相对而言,操作第三类杠杆的难度,要比第一、第二类杠杆更大一些,不过运用这套系统,你可以将负载移动到更远的位置。日常生活中,棒球棍是典型的第三类杠杆:当你把棒球棍握在手中时,可以认为球棍的末端是支点,你需要用棒球棍击打的棒球是负载。每次挥动棒球棍,你都要做功。

日常生活中的杠杆

撬棍是典型的第二类杠杆。在使用撬棍时，你需要将它的一端插到需要抬起物体的下方，然后还要在撬棍下方的某个位置上放置一个支点。在把这一切安排妥当之后，你用力向下压撬棍的另外一端，那么这套杠杆系统就能帮助你把物体撬起来。

与简单的撬棍相比，独轮手推车无疑要复杂得多，实际上，它是一种复合型机械装置，换句话说，独轮手推车是由多种简单机械结构所共同组成的。如果把轮子和轴看作支点，你抬起手推车的车把，就可以把装在车上的重物抬起，这就是第二类杠杆系统。你看，使用独轮手推车，在院子里推着小朋友玩耍，是一件非常简单的事情！

无处不在的杠杆！
以下这些杠杆的使用场景，你可能在很多地方都遇到过。

当你用锤子敲击钉子的时候，你可曾意识到，它属于第三类杠杆系统？具体来说，锤柄被你握在手里的末端，就是这套杠杆系统的支点。你挥动锤子，用力敲击将钉子钉入木头。锤柄越长，你挥锤的速度就会越快，所需要的力就越大。

什么？你把钉子钉在了错误的位置上？那么接下来，当你用羊角锤将钉子从木头中拔出来的时候，你使用的就是第二类杠杆。在这种工况下，你将羊角锤的两个"犄角"塞到钉子下方，并将钉帽牢牢卡住，此时，锤头就成了这套杠杆系统的支点。当你拉动锤柄的时候，很轻松地就能够将钉子从木头中拔出来了。

开瓶器是第二类杠杆在日常生活中的具体应用。在这种工况下,开瓶器支撑在瓶盖上表面的一端是支点,当你拉动开瓶器的手柄,它就可以帮助你打开瓶盖了。看,合理运用杠杆系统,你就能轻松惬意地喝到清凉的饮料!

订书器也是杠杆的一种具体应用。在该种工况下,订书器的铰链端是支点,你按下订书器,就可以将纸张订在一起了。在完成了这个最后的步骤以后,你就可以交作业啦!

扫帚属于第三类杠杆。在使用扫帚时,你手握住的扫帚柄末端是这套杠杆系统的支点,然后你就可以用另一只手挥动扫帚,把树叶、杂草归拢到任何你想堆放的位置。用好扫帚,你很快就能把院子打扫得干干净净。

冰球棍也是第三类杠杆的具体应用,它的工作原理,与本书前面提及的棒球棍并无二致。具体来说,你手中紧握的冰球棍的棍柄末端,就是这套杠杆系统的支点。每次你挥动冰球棍,都会将能量传递给冰球,随后它就会闪电般划过冰面!

【聚焦】
剪刀

理论上,剪刀是一套双杠杆系统,它能够帮助你裁剪纸张。

在日常生活中,你几乎随时随地都能找到一把剪刀。拿起一把小剪刀,你可以轻而易举地裁剪出一片漂亮的"雪花";而大人们则可以用一把大剪刀来修剪花草树木。无论剪刀是大是小,从本质上来说,现在的剪刀,大多是由两套共用同一支点且同时工作的杠杆所组成的。

最早的剪刀结构简单,它们由一块弹性金属连接两个刀片制成,当时人们将其命名为"弹簧剪刀"。直到现在,人们一直在使用这种剪刀。

弹簧剪刀

发型师用剪刀为你修剪头发。

带有装饰手柄的古董剪刀

到了近代，人们开始制造出新型剪刀，这种剪刀的两个刀片通过枢轴来互相连接，这个枢轴就是双杠杆系统共用的支点。此外，大多数现代型剪刀还有两个环形的手柄，在使用过程中，人们握住剪刀的手柄，并且向它施加足以切割纸张、布料所需要的力。

此外，在不同种类剪刀的设计制造过程中，剪刀制造公司会调查和研究人类手掌、手指的平均尺寸，以便于他们制造出最为合手、舒适、实用的剪刀手柄。而通过物理学方面的研究，剪刀制造公司可以确定枢轴（即支点）的最合理位置，以便让使用者能够获得最为理想的裁剪效果。剪刀设计师还可以利用物理学原理来制造特殊用途的剪刀，比如树篱修剪剪刀。

树篱修剪剪刀是一种用于修剪花草树木的大型剪刀。

简单机械结构：杠杆

1-2-3
我明白了

【必备工具】

1.8 米长的木板

胶带

容量为约 2 升的瓶子

容量为约 4 升的罐子

了解
三类杠杆

1. 用剪刀剪出 5 个长方形的胶带片，然后将它们均匀地粘在长木板上，这 5 片胶带将长木板等分成了 4 个区域。将提前准备好的瓶子、罐子灌满水。

2. 打造一套第一类杠杆系统。在这个环节，我们将容量约为 4 升的罐子放置在木板的一端，然后将瓶子置于木板正中央胶带位置的下方作为支点。此时，你按下木板的另外一端。以这样的一种方式来"提起"罐子，是困难还是容易？

3. 打造一套第二类杠杆系统。我们将约 2 升的瓶子放置于长木板一端作为支点，将约 4 升的罐子放置在长木板的中间位置，然后我们用手抬起木板的另外一端。以这样的方式来"提起"罐子，是困难还是容易？

4. 打造一套第三类杠杆系统。我们将约 2 升的瓶子放置于长木板一端的下方作为支点，将约 4 升的罐子放置在长木板的另外一端，而我们从长木板的中间位置抬起木板。以这样的方式来"提起"罐子，能做到吗？为什么会这样？

【拓展思维】

　　详细记录你所做的三类杠杆系统的实验，并且认真体会一下，用哪一套杠杆系统能够最轻松地"提起" 4 升的罐子？哪一套最困难？哪一套能够将罐子"提起"的高度最高？把你所有的感受和体会都记录下来，然后我们重新再做一组实验。这一次，我们将支点向左或者是向右移动十几厘米，这样的操作，将会如何影响各类杠杆系统的工作方式？

简单机械结构：杠杆

用杠杆来"举升"物体

【必备工具】
绳子
书
扫帚柄
椅子
小塑料瓶
尺子
玩具车

杠杆系统的实际应用

刚刚你已经深入了解了三类杠杆系统的工作方式。那么接下来，我们将你所掌握的知识付诸实践。在日常生活中，你能够以怎样的方式来"托举"起家中的物品呢？让我们用一些随手可得的东西开始行动吧！

1 将绳子绑在书上，然后把书放在地上。想想看，你该怎么做，才能协同运用绳子、扫帚柄和椅子，来提起地面上的这本书？

2 思考一下，你该怎么操作，才能用塑料瓶和尺子组成一套杠杆系统，并且用它来"托举"起一本书？

3 把绳子绑在玩具车上，然后思考一下，你该怎么做，才能用一把尺子和一根绳子，把玩具车"提"起来？

【需要注意】

思索上述几个实验过程中的每一个步骤，并且在笔记本上回答下面几个问题：什么是杠杆？什么是支点？在每个实验中，使用的是第几类杠杆系统？

简单机械结构：杠杆

杠杆发射装置

【必备工具】
丙烯酸涂料
涂料刷
涂料搅拌棒
塑料瓶盖
热熔胶枪和热熔胶棒
塑料杯
记号笔
胶带
三棱尺
绒球

让我们把一个绒球射向预定目标

1 让我们先来给涂料搅拌棒和塑料瓶盖涂上颜色，这样能够让接下来的游戏变得更加色彩缤纷。静待足够的时间，以便让颜料彻底干透。

2 用热熔胶枪和热熔胶棒将塑料瓶盖粘在搅拌棒的一端。如图2所示，在这一步我们必须保证，塑料瓶盖的内侧要朝上。

3 如图3所示，在塑料杯的杯体上，分别写上不同的数字，这些数字代表不同的分数。你将绒球"发射"到不同的杯子里，就会得到相应的分值。

4 如图4所示，用胶带将几个塑料杯粘在一起。

5 将三棱尺放置于地板上，再把粘有塑料瓶盖的搅拌棒架设在三棱尺上，然后在塑料瓶盖里放一个绒球。接下来，将几个粘在一起的塑料杯放在一定距离之外的地板上。

"发射"绒球

首先我们需要测试一下，塑料杯与杠杆发射装置之间的距离是否合适。快速按下搅拌棒无瓶盖的一端，这样一来，绒球就能够被发射出去。我们根据绒球的落点，来调整几个塑料杯与搅拌棒之间的距离。在完成这一步骤之后，你就可以和自己的小朋友们轮流发射绒球了。如果你发射的绒球落在杯子里，那么你就能够得到相应的分数。互射10轮，看看谁能得到更高的分数？

【拓展思维】

我们需要怎么做，才能让绒球飞得更高？飞得更远？你可以天马行空地进行思考，然后按照自己的想法来设计实验进行测试。记下你的灵感吧！

简单机械结构：杠杆

神秘的平衡

【必备工具】

圆形纸盘
剪刀
记号笔
尺子
衣架
热熔胶枪和热熔胶棒
绳子

一个尺寸较小且拥有一定质量的物体，它可以作为重物。比方说，一瓶闪光粉。

2 个小纸杯
50 枚硬币
弹珠

把一个衣架变成一个"天平"

制作刻度盘

1 将圆形纸盘平均裁剪成两半,把其中之一再次对折然后重新展开。然后把半圆形纸盘翻转 180°,使其直边朝上。

2 如图 2 所示,在半圆形纸盘的折痕两端画上标记,然后我们沿着半圆形纸盘的圆弧边缘画上等距离的标记。折痕与圆弧边缘的交点是"0",向右依次是 1、2、3、…标记完右侧,我们在半圆形纸盘中间折痕的左侧,同样依次做出 1、2、3、…的数字标记。

3 找到衣架的底部横梁的中间点,并且在该位置上做一个标记。随后,在距离衣架底部横梁两端约 8 厘米的位置上,各做一个标记。

4 现在,衣架底部横梁上已经做了 3 个标记。如图 4 所示,我们在所有这 3 个标记的两侧,都涂上少量热熔胶。随后,在靠近底部横梁两端的位置上,也涂上少量热熔胶。

5 在半圆形纸盘直边的两端,涂上少量热熔胶。接下来如图 5 所示,我们将衣架底部横梁粘在半圆形纸盘的直边上,并且对齐二者中间位置的标记。随后,我们静待热熔胶凝固。

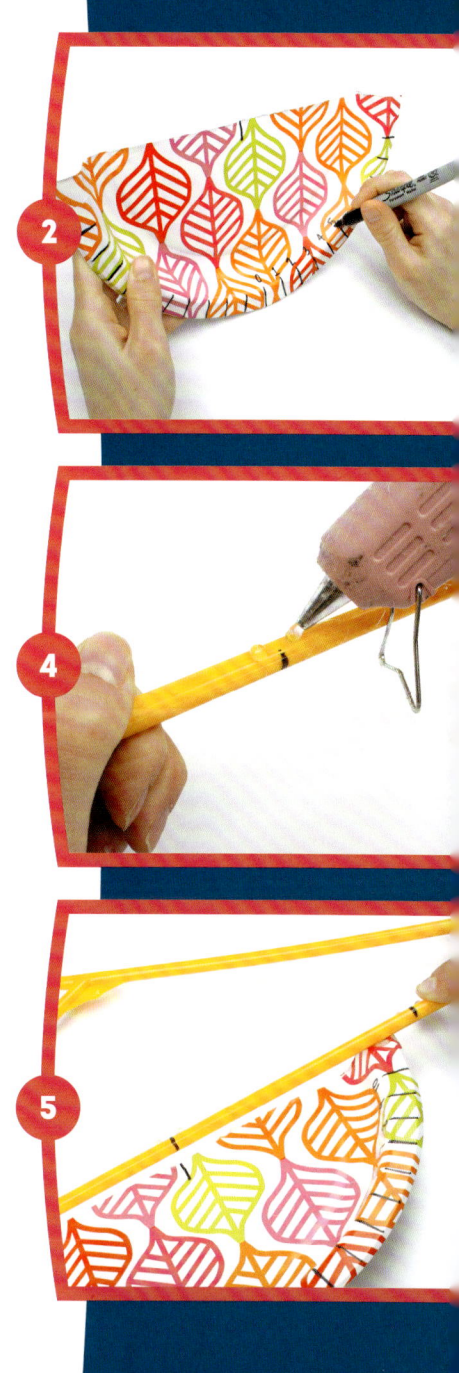

制作"天平"

1 剪出一根约 25 厘米长的绳子，如图 1 所示，将其一端系在衣架底部横杆中间位置的标记点上，而另外一端则系在你准备用来作为重物的小物体上。

2 用剪刀尖在每个纸杯的杯壁顶部对称地戳出两个孔。

3 剪出两根约 50 厘米长的绳子。将其中的一根绳子对折，然后将对折后形成的绳圈如图 3 所示那样套在衣架的一端，再把绳子的两个末端穿过绳圈并且拉紧。最后，将绳子的两端分别系在纸杯的两个孔上。

4 重复第 1、2、3 的步骤，将另外一个纸杯用绳子连接在衣架的另外一端。

有趣的平衡

1 如图1所示,我们把衣架挂起来,确保衣架两端的纸杯,以及中间位置上的重物都处于自由悬垂的状态。接下来,我们往每个杯子里都放入25枚硬币。此时,系在重物上的绳子,应该位于刻度盘中间"0"所在的位置。这也就意味着,当前状态下,这套系统处于"平衡"的状态。

2 如图2所示,如果我们将衣架一端系在纸杯上的绳子移动到距离衣架末端约8厘米的位置上,会发生什么情况呢?要想让衣架底部横梁中间系在重物上的绳子,依然保持在之前的"0"位置,你应该怎么做?

3 如图3所示,我们再次将系在两个杯子上的绳子,固定在衣架的两端。我们往其中一个杯子里放入25枚硬币,往另外一个杯子里放入弹珠。那么,我们需要放入多少个弹珠,才能让衣架继续保持平衡状态?

【拓展思维】

从本质上来说,你用衣架制作出来的这套"悬挂天平",是一套杠杆系统。那么请你想一想,在这套系统当中,谁是杠杆?谁是支点?接下来,我们将注意力集中到衣架是如何实现平衡的。当你移动杯子时,你是如何让衣架重新回到平衡状态的?你又是如何平衡那些重量各不相同的物体的?

什么是斜面？

斜面是一种简单的机械结构，顾名思义，它是一个处于倾斜状态的平面。换句话说，斜面的两端并不处于同一水平面，而是一边高一边低。利用斜面，我们能够更加轻松、更加省力地将物体（甚至是人）移动到不同的高度上。值得一提的是，斜面能够带给我们的便利，还远不止于此。

一个强壮的物流送货人员，当然可以凭借自身的力气将一个沉重的包裹举过头顶，以便将其装进卡车。然而，斜面可以让这名送货员更加轻松地完成此项工作。简单来说，送货员可以拖着箱子从地面"走入"卡车车厢。毫无疑问，这种方式，显然比他直接将箱子"托举"上卡车，要省力得多。

众所周知，越是沉重的箱子，越是难以被移动、搬运。但是你可以想象一下，有人能够将比他自己还重、还大的石头，移动到更高的

位置。这不是什么神话,因为古代埃及人就曾经做到过这一点,他们用巨石建成了金字塔。建造金字塔的石料有多大、多重?这么说吧,一块石料的重量,就相当于四头大象的重量!历史学家们认为,古代埃及人之所以能够将这种看似不可能的奇迹变成了可能,就是因为他们非常聪明地运用了斜面这一简单机械结构,当时的建造工人们,极有可能拉着大型的雪橇状滑板,将巨大的石料沿着斜面拉到他们预定的位置。除了斜面之外,古代埃及人在建造金字塔的过程中,还有可能运用了杠杆来托举石料。

在建造金字塔的过程中,斜面究竟能够在多大程度上降低搬运巨型石料的难度,这取决于斜面的坡度。具体来说,在坡度更大的斜面上运送石料,拖动石料的距离更短,但是会更费力;而在坡度较小的斜面上运送石料,虽然拖动石料的距离更长,但是难度显然更低。当然,无论斜面坡度是大还是小,人们从低处将石料搬运至同样高度所需要做的功都相同,区别只是搬运石料所需行进的距离不同,以及搬运工人所需要用的力不同。

日常生活中的斜面

你肯定去游乐场和水上公园玩过吧？那里的滑梯，都是斜面在日常生活中的典型应用。滑滑梯的乐趣，就是斜面这种简单机械结构送给你的礼物！

从本质上来说，过山车始终是在"斜面"上风驰电掣地前进。下坡时，过山车的速度会越来越快；而上坡时，则会越来越慢。

无处不在的斜面！
日常生活中，你极有可能在下列几种情形中使用到斜面。

自卸货车必须要使用到斜面，因为只有这种机械结构，能够让货车自主卸货。当一辆自卸货车卸货时，它的货厢前部抬升，货厢底板从而形成了前高后低的斜面，其装载的货物就能够在重力的作用下自动滑到地面。货厢前部抬升得越高，斜面的坡度越大，货物下滑的速度就越快。

滑板运动员更是每天都离不开斜面，因为他们每一次比赛、表演，都需要从一个斜面上滑下来，以便能够获得展示技巧所必需的速度。反之，如果滑板运动员想停下来，那么他们可以从斜面的低处向高处滑。

人行横道两端，通常都会设置一小段坡度很小的斜面，因为只有这样，人们在使用自行车这种带车轮的交通工具时，才能更简单、更舒适地从非机动车道进入到人行横道。

有些体育场会将观众步道设计建造成斜面，这样一来，在比赛开始之前，观众们就可以沿着斜面走上最高层的看台落座；而在比赛结束之后，他们又可以沿着斜面走下来。

很多建筑，都会将大门设计在高于地面的位置上，为了让主人、客人能够无障碍地进门，这一类建筑往往都会设计一段缓坡，将地面与门口连接起来。这样一来，行动不方便的人要想进入建筑，就可以走这条坡道，而不是必须走楼梯。

实际上，楼梯也是一种斜面，它能够让你更加轻松惬意地上楼和下楼。

【聚焦】
弹珠机

这是早期的弹珠游戏桌，它有一个色彩绚丽的斜面。

你玩过弹珠机吗？今天我们所接触到的弹珠机，是一种复杂程度非常高的机器，其内部遍布"坡道"和"桥梁"，装配有铃铛和蜂鸣器，以及弹珠板和闪光灯。不过，世界上第一台弹珠机，其结构是非常简单的。

18世纪，一种名为"巴格代拉桌球"的游戏风靡法国，按照现在的分类标准，它是一种典型的室内桌游。巴格代拉桌球在一张倾斜的桌面上进行，桌子上布满了被木钉挡住的洞。游戏玩家首先需要进行瞄准，然后用球杆推动桌球进洞。

一位女士拉动非电驱弹珠机上的弹簧柱塞。

弹珠在球桌上滚动时，会不断撞击缓冲器以及其他游戏部件。

日式桌球

18世纪下半叶，人们用弹簧柱塞取代了巴格代拉球杆，用金属材质的销栓取代了木销。在那之后，人们将这项游戏命名为"日式桌球"。

到了19世纪后期，英国发明家蒙塔古埃·雷德格拉夫改进的"巴格代拉桌球"获得了专利，当时他用弹珠作为球，并且也采用了弹簧柱塞。雷德格拉夫所做出的这些改进，后来都成了现代弹珠机的标准。

随着时间的流逝、科技的进步以及社会的发展，弹珠机也在发生着日新月异的变化。20世纪30年代，电动弹珠机问世；1947年，弹珠器被引入其中。时至今日，弹珠机已经变成了一套非常复杂的机械设备，它甚至需要用电脑来进行控制。然而即便如此，弹珠机不可动摇的基础，依然是斜面这一简单的机械结构。

游戏厅里面的弹珠机

简单机械结构：斜面

神秘力量的来源

【必备工具】

笔记本
钢笔或铅笔
带拉链的塑料袋
弹珠或石子
小型弹簧秤
几本厚书
硬质直尺

它能让你
变得力大无穷

1. 如图 1 所示，在笔记本上画出一个两栏的表格，其中一栏标注为"斜面高度"，另外一栏标注为"拉力"。

2. 将弹珠或者石子装入塑料袋，拉上拉链，并将其挂在小型弹簧秤上。

3. 叠放三本厚书，用硬质直尺测量它们的高度，随后将高度记录在笔记本表格中"斜面高度"一栏里。

4. 如图 4 所示，将硬质直尺的一端搭在书本上，另外一端放置于桌面，这样我们就得到了一个斜面。接下来，我们用小型弹簧秤将装有弹珠或石子的塑料袋拉上斜面。

5. 如图 5 所示，读取弹簧秤上显示的读数，然后将其记录在笔记本上表格中"拉力"一栏。

6. 多次重复步骤 3 到步骤 5，每次添加一本书，然后记录几次实验的"斜面高度"以及"拉力"。

【需要注意】

　　研究一下笔记本上表格里的数字，它们能够向你揭示哪些秘密？接下来，把其他不同的东西挂在弹簧秤上，再次重复步骤 3 到步骤 5，并且记录下所有实验数据。这一次，你所用的力，是比之前更大还是更小？你记录下的这些新数据，又能向你揭示哪些秘密呢？

简单机械结构：斜面

桌面弹珠台

在这个特殊的斜面上进洞得分

【必备工具】

浅纸板箱
剪刀
丙烯酸涂料
涂料刷
硬纸板
尺子
热熔胶枪和热熔胶棒
2根橡皮筋
2根牙签
2个塑料瓶盖
涂料搅拌棒
薄硬纸板
铅笔
卫生纸纸筒
软质耳塞
记号笔
乒乓球

准备工作：制作纸盒

1. 我们需要一个底面积为 30 厘米 ×45 厘米的纸盒。这一次，我们使用的是办公室打印纸包装盒的盖子，当然，你也可以用其他任何纸盒来制作。至于纸盒的深度，大约 7 厘米就可以了，我们可以用剪刀轻松地完成这项任务。

2. 给桌上游戏台涂色！我们用涂料刷给纸盒涂上颜色，静待涂料干透。接下来，我们在制作其他零部件的时候，也要给它们涂色。

制作弹珠发射装置

1. 按照 30 厘米 ×5 厘米的尺寸，裁剪出一块长方形的硬纸板。

2. 在长方形硬纸板的长边边缘涂上热熔胶，然后如图 2 所示，将它粘在游戏盒子内距离右侧盒壁约 5 厘米处。这样一来，我们就得到了一条球道。

3. 裁剪出一块边长为 2.5 厘米的正方形硬纸板，在上面戳出两个洞，然后如图 3 所示，将第一根橡皮筋先后穿过两个洞，拉动、调整橡皮筋，使它的两端平齐；再将另外一根橡皮筋缠绕在第一根橡皮筋上，然后拉紧。

4. 在球道的两个侧壁上各戳出一个洞，其中一个位于游戏盒的盒壁上，另一个则在长方形硬纸板上。两个洞等高，距离球道底部约 5 厘米。

5. 将第一根橡皮筋的两端，分别穿过球道左、右侧壁上的洞，再将牙签穿过橡皮筋在洞间形成的橡胶环（如图 5 所示），然后用热熔胶把牙签粘在硬纸板上。

6 在球道底部的游戏盒内壁上打一个洞，将第二根橡皮筋的末端穿过该洞（如图6所示）。至此，弹珠发射器便已经制作完成了。

制作弹珠场地

1 在两个塑料瓶盖上都涂上热熔胶，然后将它们粘在盒子下面。需要注意的是，我们需要将这两个塑料瓶盖，分别粘在与球道出口相对的两个角落，这样一来，游戏盒子的前端就会被抬高，形成弹珠台所需要的斜面。

2 在游戏盒子左侧内壁距离底部约5厘米的位置上，我们需要切出一个垂直的缝隙（如图2所示）。这个缝隙需要足够大，以便我们能够将搅拌棒穿进去。

3 将搅拌棒穿过缝隙，在棒端和球道壁之间留出5厘米的空间。此时，搅拌棒的另外一端仍然位于游戏盒子外部，至此，弹珠器也已经制作完成。

4 按照25厘米×2.5厘米的尺寸，剪出两条薄纸板。我们将这两条纸板弯折成一定的弧度，然后如图4所示，用热熔胶将弯曲的纸板粘在球道对面的两个角落。

5 继续规划游戏盒子里的其他区域，用铅笔标记放置计分环和转向销的位置，同时还要留出足以让弹珠顺畅通过的空间。

6. 将卫生纸纸筒剪成2.5厘米宽的纸环，然后将每个纸环一分为二，做成月牙的形状（如图6所示），这些就是计分环。我们用热熔胶将这些计分环粘在预定的位置上。此外，我们还需要将作为转向销的软质耳塞粘在游戏盒子里。

7. 如图7所示，用记号笔在计分环上方写上对应的分数数字，在弹珠机末端的空白位置写上"0"。

愉快游戏

将乒乓球放在弹珠发射器前，用恰当的力量拉紧橡皮筋，然后突然松开。这样一来，弹珠发射器就会将乒乓球弹射出去。接下来，我们用搅拌棒击打乒乓球，尝试将它打进计分环中。每次乒乓球落入计分环，我们都要记下对应的分数。

和小朋友一起玩儿起来吧！这个游戏采取回合制，每当一个玩家得分，或者他的弹珠没有落入计分环，反而从弹球棒旁边掉到盒子下部，该玩家就结束了一轮比赛。而当所有玩家都玩儿过一遍之后，本回合结束。将每个玩家的每回合得分相加，就可以得出他的总分。那么，在五个回合的比赛结束以后，谁的得分最高呢？

【拓展思维】

如何操作，才能改变这款游戏的难度呢？先在笔记本上设计出你的方案，然后通过实验来验证你的想法。最后，将你的发现记录在笔记本上。

简单机械结构：斜面

神奇的弹珠运输装置

【必备工具】

2 根泡沫绝缘管
每条 1 米长

剪刀
胶带
书
弹珠
卷尺

用斜面来运输你的弹珠

1 将泡沫绝缘管纵向从中间一剖两半，形成两条弹珠可以在其中滚动的半圆形轨道。

2 如图 2 所示，用胶带将 4 条半圆形轨道首尾相接地粘在一起，制作成一条 4 米长的轨道，接下来我们就要用它来运输弹珠。

3 将一本书放在地板上，然后如图 3 所示，把轨道的一端放在书的上表面，这样一来，轨道就处于倾斜状态了。

4 如图 4 所示，将弹珠按在轨道较高一侧的末端，然后松手，弹珠就会沿着轨道向下滚动。测量弹珠滚动的距离，并且做好记录。

5 通过增加书的数量，来调整轨道的倾斜程度，重复步骤 4。这一次弹珠滚动了多远的距离？继续增加书的数量，重复步骤 4，记录每一次测得的数据。

【需要注意】

在笔记本中绘制表格，分别记录书的高度及其对应的弹珠滚动距离。想一想，增加书的数量，对弹珠滚动距离有何影响？二者之间是否存在内在的规律？

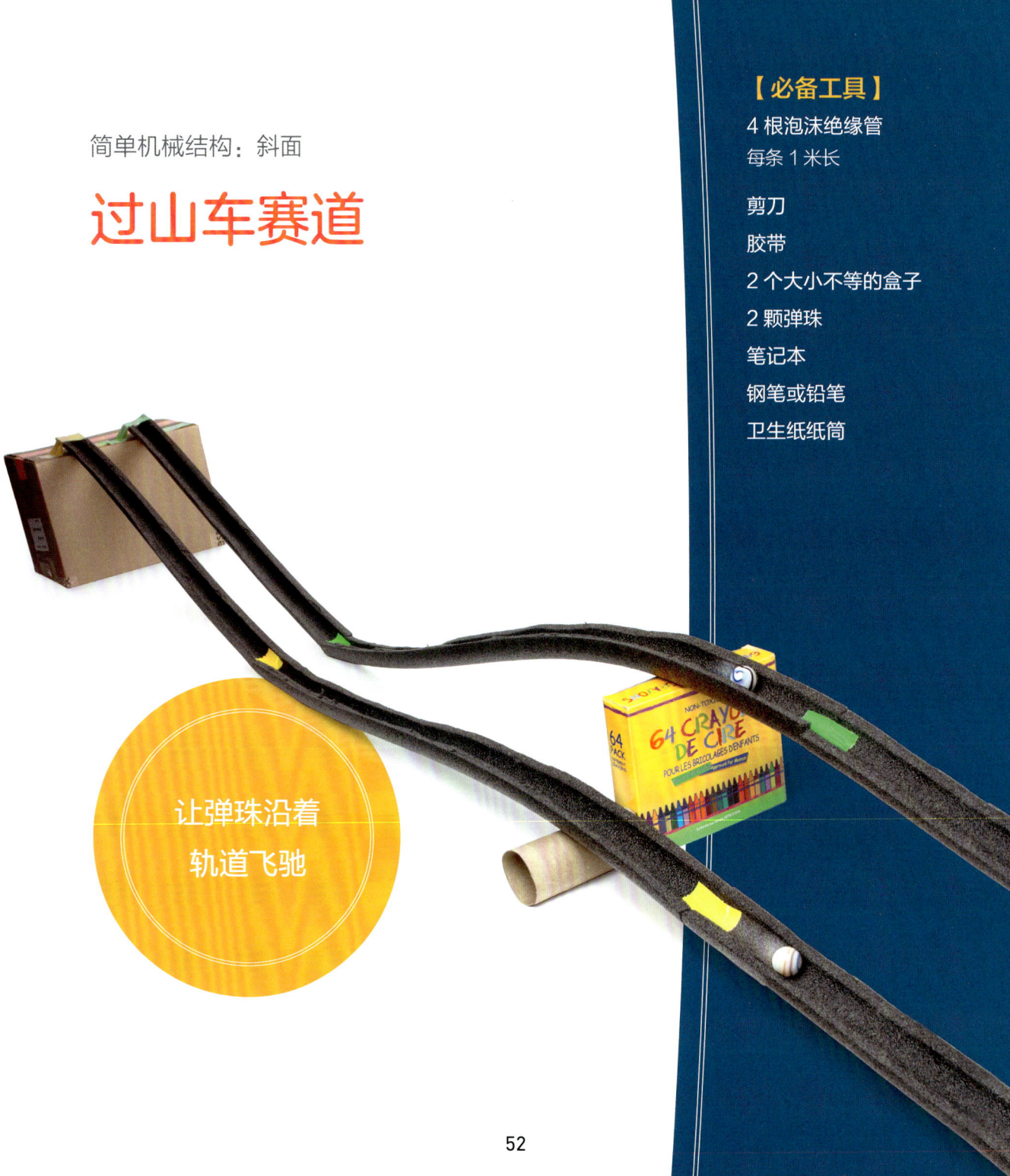

简单机械结构：斜面

过山车赛道

让弹珠沿着轨道飞驰

【必备工具】

4 根泡沫绝缘管
每条 1 米长

剪刀

胶带

2 个大小不等的盒子

2 颗弹珠

笔记本

钢笔或铅笔

卫生纸纸筒

1 按照本书第 51 页的步骤 1 和步骤 2，用泡沫绝缘管制作出两条 4 米长的轨道。

2 将每条轨道的一端，都用胶带并排粘在较大的盒子上。接下来，我们就可以玩儿弹珠过山车了！

3 如果在每个坡道的顶部放置一颗弹珠（如图 3 所示），你认为会发生什么事情？先把你的想法记录在笔记本上。然后让两颗弹珠同时滚动，观察它们各自的状态。

4 改造一下其中的一条轨道，用卫生纸纸筒将它"顶起来"，人为改变该条轨道的坡度（如图 4 所示）。猜猜看，接下来会发生什么？先将你的想法写在笔记本上，然后让两颗弹珠同时沿着两条轨道向下滚动，观察它们各自的运动状态。

5 我们用尺寸较小的盒子，支撑在另外一条轨道的下方（如图 5 所示），这样一来，我们就更大程度地改变了该条轨道的坡度。当这条轨道上的弹珠滚到那座凸起的"小山"时，有可能会发生什么？写下你的猜测，然后让两颗弹珠从高处同时沿两条轨道滚下，观察它们各自的运动状态。

【拓展思维】

在步骤 3、步骤 4 以及步骤 5 之前，你分别写下了自己的猜测。现在实验已经做完了，你的猜测是正确的还是错误的？想一想，你为什么会猜对，或者为什么会猜错？背后的原因是什么？你还可以做出哪些其他的改变？做出这些改变之后，又会发生什么？按照你的思路再做一次实验，实验结果与你的猜测一致吗？

什么是楔？

楔的形状与三角形类似，它由两个背对背的斜面共同组成。楔形的两端，一端是尖的，一端是平的。楔形结构的用途非常多，举例来说，人们可以用这种结构来劈开、分解物体。

我们该如何使用楔来劈开某个物体呢？首先，你需要将楔尖锐的一端塞进目标物体的缝隙处，接下来，你用力推或者用力击打楔的另外一端。可以想象的是，厚度大、长度短的

楔，能够形成更宽的裂缝，不过要想彻底劈开目标物体，你必须使用更大的力去击打楔的平头端才行。窄而长的楔，能够形成比较薄的裂缝，虽然这一类楔形结构相对比较省力，但是你可能需要击打更多的次数才能完成工作。

除了劈开、分解物体之外，楔形结构还可以用作限位装置。想象一下，我们将一个楔形结构紧紧地卡在两个物体之间，那么这两个物体就不会发生相对运动了。

数千年来，人们一直以这样的方式在运用楔形结构。古代的楔形结构非常简陋，通常来说就是一些比较尖锐的碎石块。石器时代，人们用楔形结构来切割、刮削；后来，人们开始用它来凿木头、石头，以便建造各种建筑物。此外，楔形结构的耕犁，也让耕种变得更加容易起来。

日常生活中的楔形结构工具

在厨房里,妈妈用刀具来切分蔬菜、水果,实际上,刀刃就是一个楔形结构。妈妈能够随心所欲地将蔬菜、水果切成任意大小,可以肯定,你将迎来一顿丰盛、美味的晚餐!

与刀具类似,斧子刃同样是楔形结构,爸爸可以用它来劈柴。锋利的斧刃可以将大块的木柴劈成小木块或者木条,只有这种尺寸的木柴才更易燃烧,你和小伙伴坐在熊熊篝火旁,必定会感到温暖舒适,幸福感爆棚!

随处可见的楔形结构工具!
日常生活中,你在很多场景都有可能遇到楔形结构的工具。

你的门牙就是一种楔形结构的"工具"!当你想吃一块甘甜多汁的西瓜时,你的门牙负责将它咬成小块。想想看,你最喜欢吃哪种水果?

今天真是一个美好的夏日啊!用门窗限位器把门倚住,让夏日的晚风吹进房间里吧!你知道吗,门窗限位器也是一种楔形结构的工具,它可以限制门窗的开启角度和位置。有了门窗限位器,你就可以尽情享受夏日晚风带来的新鲜空气了!

飞机的机翼也是一种楔形结构，在飞机飞行的过程中，楔形的机翼能够将迎面而来的空气气流"劈开"，这样一来，飞机在飞行过程中所遇到的阻力就会更小。此外，机翼这种相对特殊的外形设计，也有助于飞机获得更大的升力。

轮船的船头也是楔形结构，在轮船行驶的过程中，船头负责将水"分开"，如此一来，船体就能轻松地前进了。

　　图钉是一种微型的楔形结构。如果你想要把一张纸悬挂起来,你可以先用图钉穿过纸张,然后再将图钉钉在木板或者墙体的预定位置上。

　　本质上,订书器是一套杠杆系统,而订书钉则是一种双头楔形结构。当你需要将一沓纸张订起来的时候,订书钉的两个尖端刺穿纸张,然后将它们牢牢压紧在一起。这样一来,你就可以按时交作业啦!

【聚焦】
犁

犁是人类用于耕种的重要生产工具，它是一种典型的楔形结构工具。

这幅古埃及绘画作品，展示了人们用犁耕种的场景。

在人类漫长的历史中，犁几乎可以算得上是最重要的生产工具之一。犁是一种楔形结构的工具，人们用它可以在土地上开沟，然后将农作物的种子播撒下去。犁的出现，让人们的耕种活动变得更加容易。

大约 1.2 万年前，人类开始发展出真正意义上的农业。在最初的那段日子里，人们通常只能用木棍或者锄头来翻土、耕种。大约在 9000 年前，人类成功驯化了牛，这种家畜成了农业生产中最重要的生产资料。随后，人们将锄头改造成早期的犁。有了这项发明，人们又让牛和犁来协同工作，至此，农业才真正起飞！

耕牛拉犁耕田。

约翰·迪尔制造的拖拉机动力耕地犁，现在它已经成为一台古董了。

在当今世界的很多地区，人们依然在使用最传统、最基础的犁。不过可以肯定的是，人们一直在更新犁的设计方案，以提高其耕种的效率。18世纪末至19世纪初，第一次工业革命爆发，随后人们先是发明了蒸汽动力拖拉机，随后又发明了凿式松土机和耕耘机。

1837年，美国发明家约翰·迪尔制造出了第一台人力耕地犁；1875年，他又制造出了马动力耕地犁。在使用马动力耕地犁耕地的时候，农业工人可以坐在车上指挥、控制。约翰·迪尔发明、制造出来的农业机械颇受欢迎，他也一直在更新、优化自己的产品。值得一提的是，约翰·迪尔所制造的农业机械，现在已经成为农业机械领域的知名品牌。

现代型耕地犁全部采用电动机驱动，它们的体型也都非常庞大。但是无论其驱动原理、设计方案如何改变，如今所有的耕地犁，依然在使用某种形式的楔形结构来进行耕作。

现代化耕地犁的工作场景。

简单机械结构：楔

犁地

【必备工具】
铝箔烤盘
盆栽土
弹簧衣夹
植物种子
水

用小型耕犁耕种一小块土地

1. 在铝箔烤盘中，填入厚度约为 5 厘米的盆栽土。

2. 如图 2 所示，将弹簧衣夹拆分成为两个部分。

3. 如图 3 所示，将弹簧衣夹当作耕犁，在盆栽土中犁出土沟。

4. 如图 4 所示，将种子播在土沟里。注意，要按照外包装上的说明书来进行操作。

5. 用盆栽土覆盖种子，并浇上适量的水。接下来，我们将铝箔烤盘放置在有光照的窗子旁边，或者干脆将其放置于室外。未来的日子里，按照种子外包装上的说明书来悉心照料你的这块小田地吧。

【需要注意】

想想看，在犁被真正发明出来之前，人们使用什么样的工具来进行耕种？犁为什么能够让耕种变得更加简单？通过实验你也看到了，弹簧衣夹被拆分成两部分之后，它就成了一种楔形的简单机械结构。那么在你把它拆分之前，弹簧衣夹应该归属于哪一类简单机械结构呢？在你的笔记本上，尝试着回答这些问题。

简单机械结构：楔

切分肥皂

【必备工具】
几块肥皂
切菜砧板
大号钉子
锤子
螺丝刀
水果刀
叉子

运用楔形结构的工具，将肥皂一分为二

1. 打开肥皂的包装盒，将肥皂放在切菜砧板上。

2. 用锤子将大号钉子敲入肥皂。

3. 如图 3 所示，将螺丝刀顶进另外一块肥皂。

4. 如图 4 所示，小心翼翼地用水果刀切开一块肥皂。

5. 如图 5 所示，用叉子切开一块肥皂。

【拓展思维】

　　一边切分肥皂，一边在笔记本上记录整个实验过程。思考一下，楔形工具是如何工作的？有没有一种工具，能够在一瞬间就将肥皂彻底切分成两半？我们应该怎样利用楔形结构，才能切分木材这一类比较坚硬的东西？

简单机械结构：楔

可爱的肥皂恐龙雕塑

【必备工具】

软质肥皂
水果刀
纸张
圆珠笔
纸巾

用楔形工具来进行雕刻创作

1. 用水果刀轻轻刮去肥皂表面的品牌标识。

2. 设计、规划你的雕刻作品。你可以在纸上画出或者打印出作品的轮廓，然后将设计图样覆盖在肥皂上。

3. 如图 3 所示，用圆珠笔在设计图样上描边，稍微用一些力，这样一来，圆珠笔尖就能够透过纸张，在肥皂表面留下凹痕，这些凹痕，就是你接下来进行雕刻创作的参考线。

4. 如图 4 所示，用水果刀刮掉肥皂表面凹痕以外的部分。由于你选择的是一块软质肥皂，因此这个步骤并不需要用太大的力，轻轻地刮就可以了。

5. 在得到一个大概的轮廓之后，继续用水果刀的刀尖来雕刻细节，进而完成你的雕塑创作。如图 5 所示，用纸巾打磨一下肥皂，这么做能够让你的雕塑作品更加平整、光滑。

【拓展思维】

你所使用的水果刀，为什么能够雕刻肥皂？除了楔之外，水果刀还能作为另外的某种简单机械结构来工作吗？除了水果刀之外，日常生活中还有很多其他常见的工具，你能够将它们用作楔形结构的工具来雕刻肥皂吗？

简单机械结构：楔

将它们连接在一起
（第1部分）

【必备工具】

丙烯酸涂料

涂料刷

8 块木板

尺寸均为2厘米×4厘米×40厘米

16 个钉子

锤子

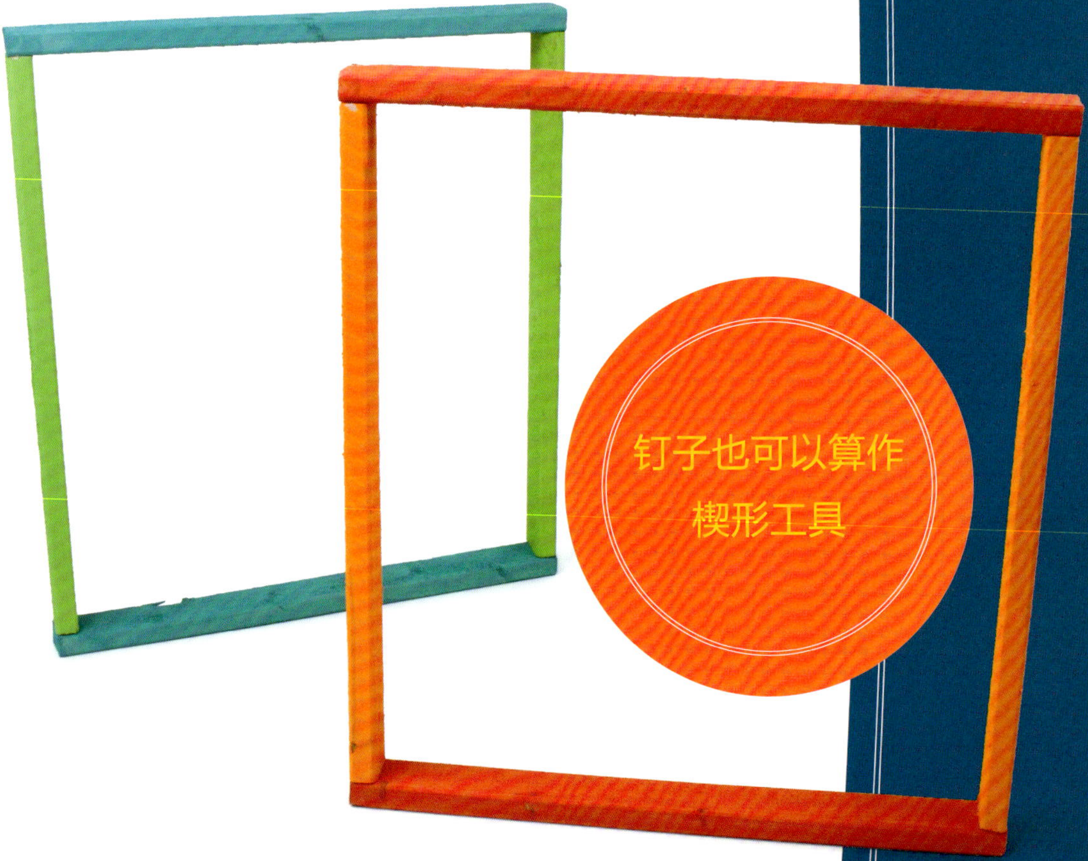

钉子也可以算作楔形工具

1. 给木板上色，静待涂料干透。

2. 如图 2 所示，制作第一个正方形框架。我们将两块木板的末端放在一起，并且让它们形成互相垂直的关系。接下来，我们将两个钉子钉入木板，这样一来，两块木板就牢固地连接在一起了。

3. 重复步骤 2，将第三块木板与前两块木板中的一块钉在一起。

4. 之前已经钉在一起的三块木板，形成了一个"凵"形结构，其中有两块木板相互平行，它们的末端形成了"凵"形结构的开口。如图 4 所示，我们将第四块木板的两端，放在"凵"形结构的开口位置，然后用钉子将它与"凵"形结构钉在一起。

5. 重复步骤 2 至步骤 4，制作出第二个方形框架。注意，这一次钉钉子的时候，我们要改变一下钉子的钉入角度。

6. 将两个正方形框架直立放置，然后前后左右摇它们几下，看看它们到底有多坚固。

【需要注意】

哪种钉入钉子的方式和角度，可以让你制作出来的正方形框架更加坚固？你认为这背后的原理是什么？在这次实验中，钉子就是一种楔形工具，那么锤子是哪一类简单机械结构？除了钉子和锤子，还有没有其他的简单机械结构能把木板固定在一起？思考一下，在笔记本上写下这些问题及其答案。提示：请参阅第 86 页至 87 页，"将它们连接在一起（第 2 部分）"。

简单机械结构：楔

用楔形物让它变成更加标准的正方形

【必备工具】

丙烯酸涂料

涂料刷

4 块木板
尺寸均为2厘米×4厘米×40厘米

16 个钉子

锤子

4 个小方木块

夹具

运用几个楔形物，让它变成一个更加标准的正方形

1. 按照本书第 69 页的步骤 1 至步骤 4，制作出一个正方形的木质框架。当然了，如果你已经完成了"将它们连接在一起（第 1 部分）"的话，那么你可以直接使用已经制作好的木质框架，选择那个相对而言不那么稳固的就可以了。

2. 将一个小方木块夹在框架的一个内角处，用夹具夹紧（如图 2 所示）。

3. 从框架外部，将一枚钉子钉入框架，使钉子穿过框架、钉入小方木块。接下来，改变夹具的位置（如图 3 所示），用它从另外一个方向夹紧框架与小方木块，然后再将一枚钉子穿过框架、钉入小方木块。

4. 重复步骤 2 和步骤 3，在框架的另外三个内角位置，也分别钉牢 1 个小方木块（如图 4 所示）。

【拓展思维】

将框架侧放，然后摇一下它，观察一下，四个内角处的小方木块，对框架的稳定性有什么影响。它们能让框架变得更加坚固、形状稳定性更好吗？钉子和小方木块发挥出这些作用的工作原理，与楔有何相似之处？

什么是螺旋？

从本质上来说，螺旋是围绕中心点盘旋的斜面，我们将这种斜面结构称为螺旋。

转动螺旋，有可能会产生两种不同的结果。第一种，螺旋能够将两个物体"拉"在一起。当你把矿泉水瓶盖拧在瓶体上的时候，你就是在利用螺旋的这种功能。第二种，螺旋能够将一个物体"推进"另外一个物体，压花机就是用这一原理进行工作的。

较之其他简单机械结构，螺旋被发明的时间要稍晚一些。

目前已知人类最早应用螺旋结构的案例，是一种被命名为"螺旋泵"的大型装置。公元前600年前后，人们用这种螺旋泵，向巴比伦附近的空中花园供水。你知道吗，空中花园是古代世界七大奇迹之一。如图所示，螺旋泵拥有一个螺旋结构的巨型叶轮，转动该叶轮，人们就能够将水输送到相对更高的位置上。

公元前200年前后，古希腊科学家、发明家阿基米德也曾经制造出一台螺旋泵。后来人们将这种结构的螺旋泵，命名为"阿基米德螺旋泵"。

在螺旋刚刚出现的那些年里，人们主要是将该种简单机械结构用于输送水或者其他物质。直到18世纪末人们才发现，螺旋结构还可以将不同物体"拉"在一起。

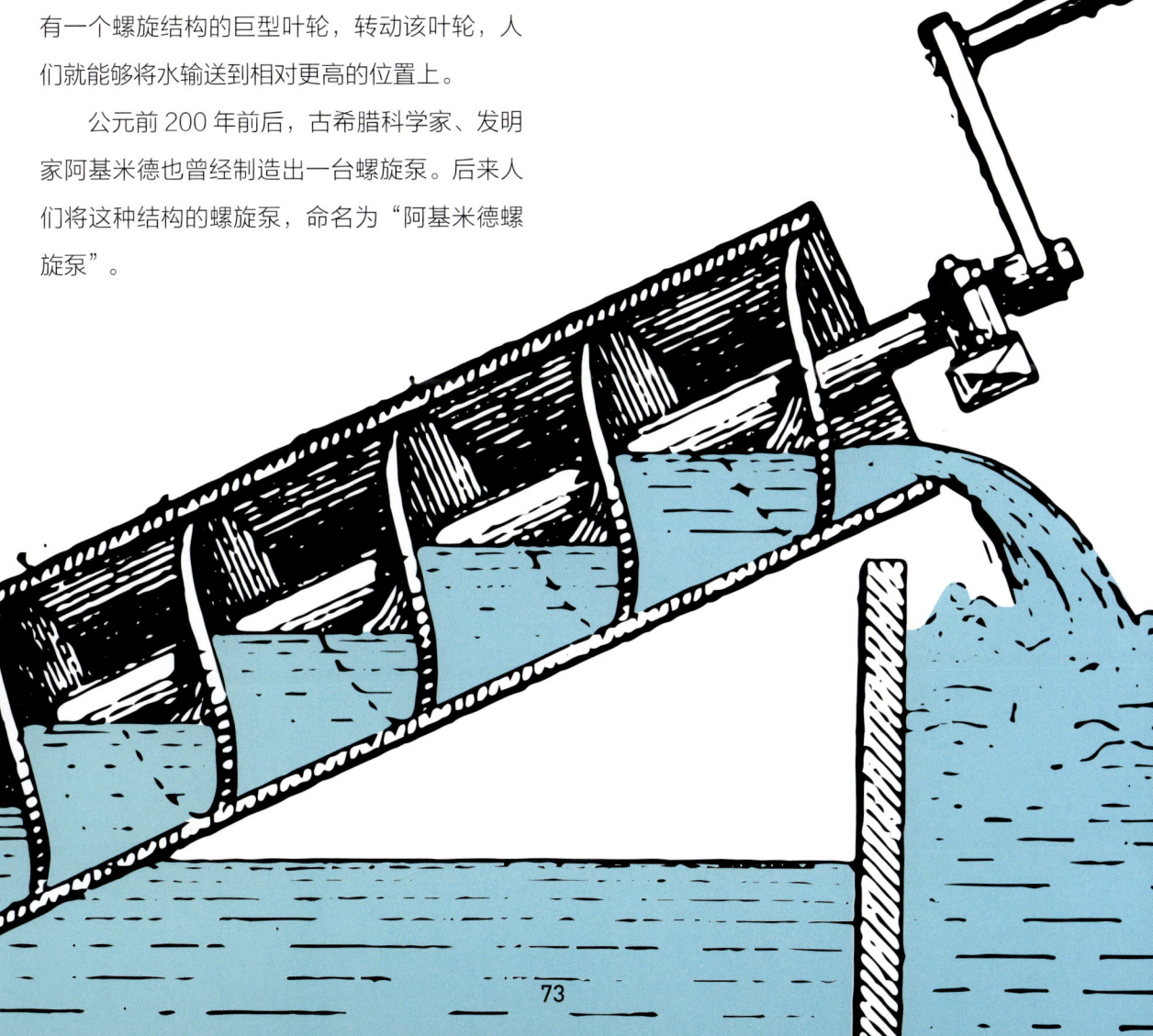

日常生活中的螺旋

船用螺旋桨就是一种螺旋结构，它在水中旋转，产生推力，推动船只前后移动。

吊扇的几个扇叶，也组成了一个螺旋结构。打开开关，吊扇旋转起来，它的螺旋结构能够推动空气流动起来，从而产生凉爽的风。在炎热的夏天，吹吹电风扇，感觉美滋滋！

无处不在的螺旋！
日常生活中，你在很多场景都能够看到下述螺旋结构的工具。

旋转楼梯，就是一个巨大的螺旋结构。如图所示，倾斜的台阶，围绕着楼体中心呈螺旋状建造，你可以随心所欲地上下。数数看，总共有多少级台阶？

多层停车场的车道，也是一个巨大的螺旋结构。当然，这一次是汽车在螺旋车道上行驶。那么，你还记得你家的车停在车库的第几层吗？

苹果酒榨汁机的核心功能，也是由螺旋结构来实现的，其内部的螺旋能够在转动过程中压碎苹果。在凉爽的秋日，享受一杯甘甜的苹果酒吧！

瓶盖、罐子盖内部都有螺旋。拧紧盖子，我们能够将瓶内、罐内的食品保存更长时间。让我们制作一餐番茄酱拌意大利面吧！多美味！

某些带有升降功能的椅子，也是通过螺旋结构来实现升降功能的。千万注意，不要在升降椅上乱转，否则你会感到头晕目眩哦！

口香糖球售卖机，其内部螺旋结构的坡道，能够让五颜六色的口香糖球滚出来。你买到的糖球是什么颜色的？

【聚焦】
螺旋桨

飞机螺旋桨能够帮助飞机在空中飞行,这种螺旋桨本质上是一种螺旋结构。

轮船的螺旋桨装配有巨大的桨叶,它能够通过旋转来推动船只在水中前进。

螺旋桨可以推动船只在水中航行,也可以让飞机翱翔在空中。无论是用在轮船上还是飞机上,螺旋桨的本质是相同的,它都是将旋转运动转换成为线性运动的螺旋结构。日常生活中,当你拧螺钉的时候,拧到一定程度,螺钉就不再向前移动了。但螺旋桨与螺钉不同,只要有驱动力在,那么螺旋桨就会一直旋转,进而持续推动船只、飞机前进。

螺旋桨的弯曲桨叶,类似于螺钉上的螺纹。用在飞机上的螺旋桨,装配有细长的桨叶,这种螺旋桨被装置在机身或机翼上,其旋转速度非常快。船用螺

早期的飞机螺旋桨

喷气式发动机涡轮

旋桨的桨叶又大又宽，人们将其称为"螺旋推进器"。

列奥纳多·达·芬奇是一位伟大的发明家，早在16世纪，他就已经提出了直升机和螺旋桨的构想。不过，达·芬奇并没有真正制造出一架这样的飞行器。到了19世纪初，很多工程技术人员都制造出了可高速旋转的螺旋桨，并且对它们的性能进行了测试。

"阿基米德号"是第一艘运用螺旋桨来驱动的大型蒸汽动力船，它建造于1838年。"阿基米德号"以古希腊发明家阿基米德的名字来命名，这位伟人曾经发明了一种能够输水的螺旋泵。

莱特兄弟是美国两位著名的发明家。20世纪初，莱特兄弟进行了改进机翼翼型的实验。1903年，莱特兄弟发明、制造的螺旋桨动力飞机"飞行者一号"试飞成功。

现如今，螺旋桨被广泛应用于轮船和飞机上。想想看，简简单单的一个螺旋桨，就能够推动轮船、飞机这样体型庞大的复杂机械，这真的是太神奇了！

简单机械结构：螺旋

神奇的阿基米德螺旋泵

【必备工具】

60 厘米长、内径 5 厘米的 PVC 管

彩色胶带

3 米长的透明软管

2 个碗

水

食用色素

桶

将水输送到更高的位置上

1. 将彩色胶带粘在 PVC 管的外壁。

2. 如图 2 所示，将透明软管的一端粘在 PVC 管的一端。

3. 如图 3 所示，将透明软管缠绕在 PVC 管上，然后用胶带将软管的远端也粘在 PVC 管的远端。用剪刀剪去多余的软管。

4. 在一个碗里装满水，然后加入几滴食用色素。倒置水桶，将其扣放在地面上，然后将另外一个碗放在水桶上。

5. 如图 5 所示，将粘有透明软管的 PVC 管放入装满水的碗，将软管的另外一端放进高处的碗里。

6. 旋转 PVC 管，会发生什么？然后改变转动方向，还会发生同样的事情吗？

【拓展思维】

接下来，继续用你制作的螺旋结构来进行试验。改变透明软管在 PVC 管上的缠绕圈数，改变空碗摆放的高低位置，这些变化会给你的实验带来怎样不同的结果？将这些结果一一记录在笔记本上。除了水以外，你所制造出来的这个简单的螺旋结构，还能用来输送其他东西吗？

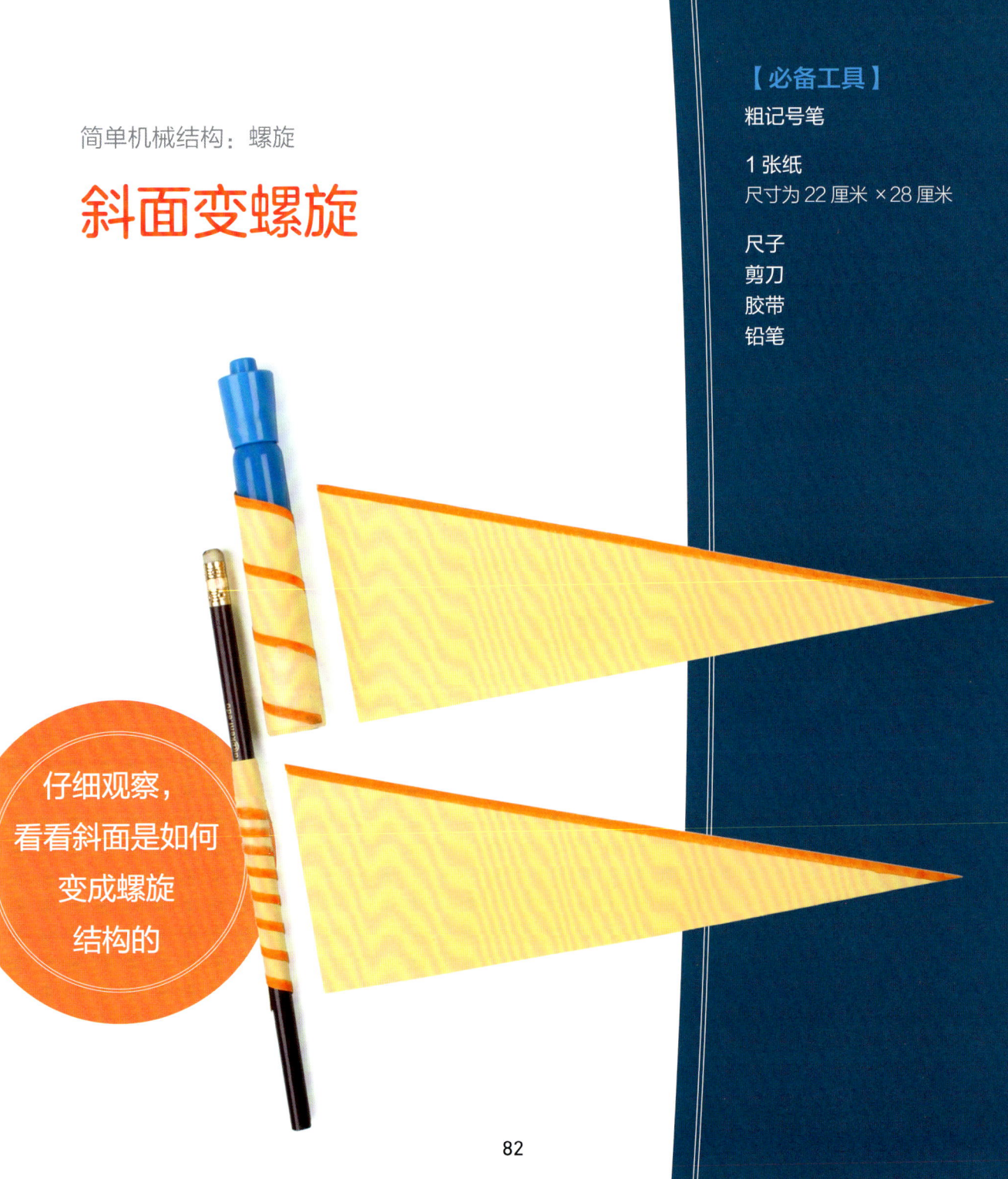

简单机械结构：螺旋

斜面变螺旋

【必备工具】

粗记号笔

1 张纸
尺寸为 22 厘米 × 28 厘米

尺子
剪刀
胶带
铅笔

仔细观察，看看斜面是如何变成螺旋结构的

1. 如图 2 所示，先在长方形纸张的长边距离角点 8 厘米的位置上做一个标记。然后以该位置与对边相对较近的角点为两个端点，用记号笔画出一条粗直线。

2. 沿粗直线裁剪纸张，你会得到一个直角三角形纸片。而记号笔在直角三角形纸片斜边边缘处留下的粗直线，代表着我们即将制作出的螺旋结构的螺旋线。

3. 重复步骤 1 和步骤 2，在纸张的另外一条短边处，裁剪出另外一个直角三角形纸片，该三角形纸片与步骤 2 制得的三角形纸片完全相同。

4. 如图 4 所示，将一个直角三角形较短的直角边粘在记号笔上。在这个步骤中，我们需要用到胶带。

5. 如图 5 所示，我们将直角三角形纸片缠绕在记号笔上。缠完以后，用胶带将纸片的尖端粘住。

6. 重复步骤 4 和步骤 5，这一次我们将另外一个直角三角形纸片，缠绕在铅笔上。

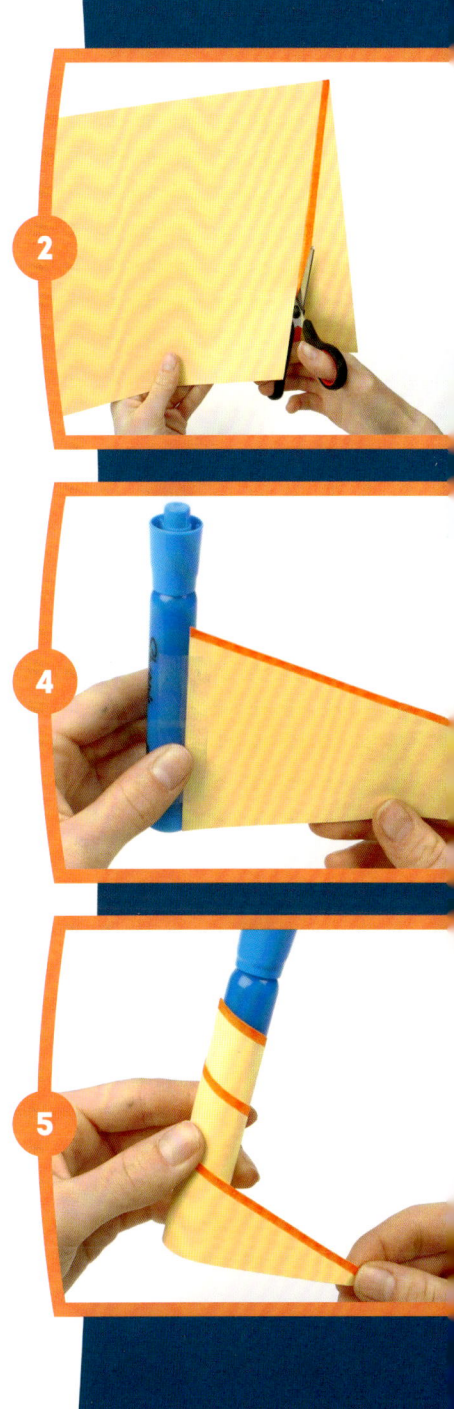

【需要注意】

较粗的记号笔笔身上，有多少条记号线？较细的铅笔上呢？在你看来，一个螺旋结构的螺纹数，会如何影响该结构的工作方式？在笔记本上，记录下你的所思、所想以及所得。

简单机械结构:螺旋

拧螺钉

【必备工具】

一块木板
大小为5厘米×10厘米

手电钻和钻头
十字螺丝刀

9个十字槽螺钉
分3种不同的规格,每种规格各3个

了解不同尺寸、不同大小螺钉的差异

1 如图 1 所示，需要让你的父亲或者母亲，用手电钻和钻头在木板上钻出预备孔。总共需要钻出 3 种尺寸、每种尺寸 3 个、总共 9 个预备孔。

2 如图 2 所示，我们从最小的尺寸开始，在每个预备孔里面都拧入一个十字槽螺钉。

3 如图 3 所示，重复步骤 2，将所有的十字槽螺钉都拧入对应尺寸的预备孔里。

【需要注意】

　　当你用螺丝刀将十字槽螺钉拧入木板时，发生了什么？将你的发现记录在笔记本上。预备孔的大小如何影响你拧螺钉的难度？是大尺寸螺钉更加容易拧，还是小尺寸螺钉更容易拧？

简单机械结构：螺旋

将它们连接在一起
（第2部分）

【必备工具】

丙烯酸涂料
涂料刷

4 块木板
尺寸均为 5 厘米 ×
4 厘米 ×40 厘米

手电钻和钻头
4 个十字槽木螺钉
十字螺丝刀

用几个螺钉固定一个正方形

1. 给木板刷涂料，并静待涂料干透。

2. 将两块木板的一端放在一起，使它们互相垂直。请你的父亲或者母亲使用手电钻和钻头，在水平的那块木板上钻出一个预备孔，这个预备孔要钻穿水平木板，并且深入与水平木板垂直的另一块木板。

3. 如图 3 所示的那样，使用十字螺丝刀将一颗螺钉拧进预备孔。

4. 将第三块木板的一端与第一块木板的另一端放在一起，使它们互相垂直，且三块木板形成一个"凵"形。请你的父亲或者母亲帮忙，重复步骤 2，钻出一个预备孔。

5. 如图 5 所示的那样，使用十字螺丝刀，将一颗螺钉拧进预备孔。

6. 经过前面 5 个步骤，我们已经把前三块木板制作成了一个"凵"形结构。接下来，我们将最后一块木板，放在"凵"形的开口位置，请你的父亲或者母亲帮忙，重复步骤 2，在最后一块木板的两端，各钻出一个预备孔。

7. 如图 7 所示的那样，用十字螺丝刀分别将螺钉拧进两个预备孔。

8. 将木质框架竖起来放置。前后摇动一下，看一看螺钉能否将几块木板固定在一起。

【拓展思维】

你刚刚制作完毕的木质框架是否稳固？你是否按照本书第 68 页、第 69 页"将它们连接在一起（第 1 部分）"制作过木质框架？对比一下两次制作的木质框架，哪一次制作的更加稳固？想想看，为什么会是这样的结果？

简单机械结构：螺旋

压紧物体

用两个螺栓、两块木板来挤压物体

【必备工具】

长度相同的 2 块木板
横截面尺寸均为
2.5 厘米 × 10 厘米

丙烯酸涂料
涂料刷
手电钻和钻头

2 个螺栓
规格为 M10 × 100

4 个垫圈，M10
2 个蝶形螺母，M10 × 1.5
1 块厚海绵
苹果
鲜花

1. 给木板刷涂料，静待涂料干透。

2. 将两块木板重叠放置在一起，然后请你的父亲或者母亲帮忙，用手电钻和钻头在木板两端各钻出一个孔。

3. 如图 3 所示的那样，先将两个垫圈分别套在两个马车螺栓的螺杆上，然后将两个马车螺栓从下往上穿过下面木板上的两个孔。

4. 将海绵放在两块木板中间。

5. 如图 5 所示的那样，将螺栓从下往上地穿过上面木板，然后在每个螺栓上都放一个垫圈，再将蝶形螺母套在螺栓上。继续拧蝶形螺母，直至螺母压紧木板。

6. 用力拧紧蝶形螺母，这样一来，螺母和螺杆协同作用，拉近两块木板，两块木板就能够压紧它们中间的海绵了。

7. 松开蝶形螺母、抬起木板、取出海绵，然后重复步骤 4 至步骤 6，分别挤压苹果和鲜花。

【拓展思维】

当你用这套自制的装置挤压各种物体时，分别发生了什么情况？这种挤压方式是困难还是容易？想想看，如果你是徒手挤压海绵、苹果和鲜花，会是怎样的情形？海绵和鲜花都比较柔软，但是苹果却硬得多。在笔记本上记录下实验过程中所发生的一切。

什么是轮轴？

轮轴是一种由两个部分共同组成的简单机械。具体来说，"轮"与"轴"相连接，两个部分协同工作。值得一提的是，"轮"和"轴"都围绕同一个轴心旋转。

作为一种简单机械，轮轴可以帮助人们完成两种类型的工作。首先，轮轴可以在两个部分之间传递"力"。其次，轮轴还可以让我们更加轻松地移动、搬运物体，其背后的原理是滚动摩擦系数小于滑动摩擦系数。

马车就是轮轴最为典型的实际应用之一。

人们通常用马车来运送货物，也可以将其作为交通工具来载人。当马拉动马车的时候，其车轮在地面上滚动，在这个过程中，车轮始终围绕车轴转动。移动一辆装有车轮的马车,其难度要明显小于拖动一辆没有车轮的马车。

如果你要去水井打水的话,也要用到轮轴。水井口附近,通常都有一类名叫"辘轳"的简单机械。我们把绳子的一端绑在辘轳上,然后把水桶系在绳子的另外一端。你转动摇把,绳子就会缠绕在辘轳上,井里打满水的水桶,也就被你提起来了。虽然你感觉没有用很大力气转动摇把,然而装满水的水桶却被你提了起来,这是因为,转动一个半径相对更大的轮子,比转动一个半径更小的轴,会更加省力。

美索不达米亚是位于亚洲的一个古老区域,公元前 3500 年前后,苏美尔人就生活在美索不达米亚的南部区域。苏美尔人发明了轮和轴,据史书记载,第一个轮子是苏美尔人用硬质黏土制成的,当时人们让这种轮子在水平方向上旋转,他们用其制作陶器。后来苏美尔人发现,将圆柱状的原木放置在货箱下面,这样他们就可以更加简单、更加省力地移动货物了。正是这些实际应用,给苏美尔人带来了灵感,最终他们发明了轮轴。第一辆装有车轮和车轴的马车,出现在公元前 30 世纪中叶,当时的车轮是由实木制成的。后来,人们在战车上最先使用了辐条式车轮,这种类型的车轮,被普遍使用在了各个历史时期、多种不同功能的车辆上。

日常生活中的轮轴

如图所示的这种门把手，本质上就是利用了轮轴结构的简单机械。可以转动的把手就是"轮"，转动它就可以带动门闩，进而打开门锁。

图中所示的这种比萨饼切刀，是两种简单机械结构的结合。移动手柄，切刀就可以在比萨饼上滚动。至于切刀的边缘，则是一种楔形结构。你最喜欢哪种口味的比萨饼？

无处不在的轮轴结构！
日常生活中，轮轴几乎无处不在。以下是几个具体的例子。

旋转门是一种典型的轮轴结构，其"门"的部分是"轮"，旋转门的中心则是"轴"。旋转门围绕中心转动，人们可以经过它走入室内。这种门的好处就是既可以让人顺利通过，又能够阻止空气的自由流动，起到很好的保温作用。

游乐场里面的旋转木马，是一个非常有趣的轮轴结构。旋转木马的"马"或者"马车"，被安装在一个圆形平台上，圆形平台围绕其中心轴转动，小朋友骑在木马上就可以跟着旋转啦。赶快来玩儿吧！

本书第 74 页所介绍的电风扇，其扇叶是一种螺旋结构，而几片扇叶组合在一起，就形成了一个"轮"，它们围绕电风扇的中心轴旋转，就能够让空气流动起来。电风扇这种轮轴结构，能够产生一股清爽的凉风！

在洗手间里，有芯卷筒卫生纸与其挂架一道，共同组成了一个简单的轮轴结构，其中，挂架是"轴"，而卫生纸卷筒纸芯是"轮"。这套轮轴结构，即便轮子偏离中心，它依然能够转动，因此可以随心所欲地撕取卫生纸。在如厕的时候，你注意到这个简单的轮轴机械结构了吗？

老式蒸汽动力船,由桨轮和轮轴来提供驱动力。如图所示,红色的桨轮在蒸汽机的带动下不停旋转,从而推动轮船前进。这曾经是划时代的发明哦!

汽车是一种复杂程度极高的机械,它由多种简单机械结构共同构成。汽车通过车轮和车轴来行驶,这是一个轮轴结构;此外,驾驶室内的方向盘,也是一个轮轴结构。汽车驾驶员转动方向盘,传动机构就会将方向指令传递给汽车的转向机构,从而实现对汽车行驶方向的控制。

【聚焦】
摩天轮

1913年,巴黎市民乘坐摩天轮观景。

拉斯维加斯的豪客摩天轮

最早的摩天轮,就是一个结构简单的木质圆环,圆环上挂着供人们乘坐的椅子。当时的摩天轮由人力来进行驱动。17世纪至18世纪,这种早期的摩天轮最先出现在了东欧国家,当时人们称其为"游乐轮",或者干脆就叫它"巨轮"。

1848年,美国国内首次出现了老式摩天轮,当时,一个名叫安东尼奥·曼基诺的法国人,在佐治亚州的一个集市里建造了这样一个游乐设施。实际上,世人所熟知的现代摩天轮的发明者,是小乔治·华盛顿·盖尔·费里斯,因此现在的摩天轮也被称为"费里斯大转轮"。1893年,费里斯在伊利诺伊州的

游乐场里的现代摩天轮

芝加哥市建造了一个摩天轮,当时他希望自己的这个成就,能够与几年前刚刚在法国巴黎落成的埃菲尔铁塔相提并论。

在过去的100多年时间里,人们建造了许多巨型摩天轮。截至目前,世界上的巨型摩天轮,分别位于日本、英国、新加坡以及中国。美国内华达州拉斯维加斯的豪客摩天轮,建成于2014年,其高度大概相当于一座55层的摩天大楼,它曾经是世界上最高的摩天轮。

如今,摩天轮已经成了游乐场中必备的游乐设施之一,这些巨型的轮轴结构机械,能够带给人们极致的感官刺激!

1893年,小乔治·华盛顿·盖尔·费里斯制造的摩天轮

轿厢悬挂在摩天轮上,乘客坐在轿厢里。

简单机械结构：轮轴

奇妙的轮式货车

【必备工具】
能够容纳一个水壶的木箱
4 个木轮
丙烯酸涂料
涂料刷
尺子
与木轮中轴尺寸匹配的木钉
剪刀
4 根橡皮筋
胶带
大塑料壶

它能让人们更加轻松地移动重物

1. 我们要制作出一辆色彩鲜艳的轮式货车！首先，我们给木箱和车轮刷丙烯酸涂料，并静待涂料干透。

2. 测量木箱的宽度，然后切割出两段比车厢宽度长5厘米的木钉，我们将用它们来作为车轴。

3. 如图3所示的那样，在每条车轴两端都套上一个木轮，然后再在木轮外侧套上橡皮筋。这样可以防止木轮从车轴上滑脱。

4. 如图4所示的那样，用胶带将车轴粘在木箱底部。两条车轴分别位于距离木箱边缘5厘米处。

5. 如图5所示的那样，给大塑料壶灌满水，然后把它放在地板上，尝试着移动它。接下来，再把大塑料壶放在木箱里，然后移动我们的简易轮式货车。

【拓展思维】

　　移动放在地板上的大塑料壶，困难还是容易？把它放在轮式货车上，推动货车，情况又如何？轮式货车能否让你更加轻松地移动那个大塑料壶？想想看，为什么会有这样的结果？把你的所思所想都记录在笔记本上。接下来，尝试用我们的轮式货车，来移动一下其他物体吧！

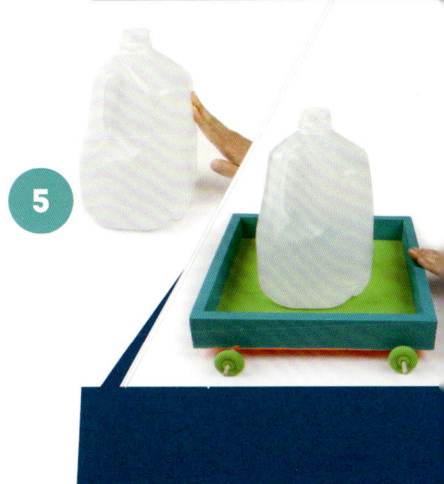

简单机械结构:轮轴

漂亮的风车!

【必备工具】

不同颜色的两张纸

胶水

尺子

剪刀

图钉

带橡皮擦的铅笔

用纸张制作一个简单的风车!

1. 将两张纸粘在一起，静待胶水干透。测量并裁剪，得到一张正方形双层纸。

2. 用铅笔画出正方形的两条对角线，在每条对角线距离交叉点 5 厘米的位置做标记。

3. 如图 3 所示的那样，用剪刀沿着对角线裁剪正方形纸张，每次都剪到标记处即可。

4. 如图 4 所示的那样，将剪开的纸张一角拉向两条对角线的交叉点，利用纸张的韧性使其弯曲成弧形但不要折叠。用图钉穿透纸张的尖角。重复之前的步骤，将另外三个角也拉向对角线交叉点，再用图钉穿过尖角。

5. 如图 5 所示的那样，将图钉穿过纸张的对角线交叉点，然后将其扎进铅笔顶端的橡皮擦里。

6. 向风车吹风，或者是挥舞风车，让它旋转起来吧！

【拓展思维】

刚才我们制作出来的风车，哪个部分是轮？哪个部分是轴？试试看，用除正方形之外其他形状的纸张来制作风车。你尝试用了哪些形状的纸张来制作风车？哪种形状的纸张制作的风车转动最顺畅？把你的所思所得记录在笔记本上。

简单机械结构：轮轴

旋转翅膀的纸鸟

在微型转轴上，让一个"带翅膀的轮子"快速旋转

【必备工具】

纸和记号笔，或者计算机和打印机

剪刀
瓦楞纸板
热熔胶枪和热熔胶棒
木质工艺棒
微型木钉

1. 通过互联网或者翻书查找纸鸟身体和翅膀的形状，然后用打印机直接打印，或者用笔画出轮廓之后手动上色。用热熔胶棒将纸鸟的身体、翅膀粘贴到瓦楞纸板上，然后用剪刀沿着鸟身、翅膀的轮廓裁剪瓦楞纸板。

2. 用剪刀在鸟背上钻一个孔，然后在两个翅膀的前端也各钻一个孔。

3. 如图 3 所示的那样，在工艺棒的一端涂上少量热熔胶，然后将纸鸟的背部粘在工艺棒上，静待热熔胶凝固。

4. 如图 4 所示的那样，将微型木钉的尖端穿过一只翅膀，然后用热熔胶将翅膀固定在木钉尖端，静待热熔胶凝固。

5. 将微型木钉的另外一端，穿过纸鸟身体上的孔洞。然后将另外一只翅膀套在鸟身另外一侧的微型木钉上。

6. 如图 6 所示的那样，握住两只翅膀，让它们向鸟身靠拢，但不发生接触。用少量热熔胶，将第二只翅膀也固定在微型木钉上。静待热熔胶凝固。

7. 握住工艺棒，旋转微型木钉，让鸟的翅膀旋转起来吧！

【拓展思维】

　　回忆一下漂亮的风车（参见本书第 100 页至 101 页）。你有没有办法，让风车变成旋转纸鸟的翅膀？试试看！把制作过程详细记录在笔记本上。

简单机械结构：轮轴

玩具气球车

让汽车飞驰

【必备工具】

卫生纸纸筒

丙烯酸涂料

涂料刷

尺子

剪刀

2 根吸管

热熔胶枪和热熔胶棒

木扦

4 个塑料瓶盖

气球

小橡皮筋

1. 将卫生纸筒涂成赛车的颜色，晾干。

2. 剪两段 5 厘米长的吸管，在每段吸管的中间位置涂上少量热熔胶。将卫生纸筒放置在两段吸管上，两段吸管分别靠近卫生纸筒的一端。

3. 剪两段 8 厘米长的木扦，然后在两个塑料瓶盖的中心位置涂上少量的热熔胶。如图 3 所示，在这两个塑料瓶盖上分别粘上一根木扦。

4. 如图 4 所示的那样，分别将两根木扦穿过吸管，然后重复步骤 3，用热熔胶将另外两个塑料瓶盖粘在两根木扦的另外一端。

5. 如图 5 所示的那样，在卫生纸筒两端涂上少量的热熔胶，然后将一根长吸管粘在卫生纸筒内部。

6. 用橡皮筋将气球固定在长吸管的一端，然后我们从吸管的另外一端吹气球。气球吹大以后，我们按住吸管的末端，将"小汽车"放在地上。松开吸管，让"小汽车"飞驰起来吧！

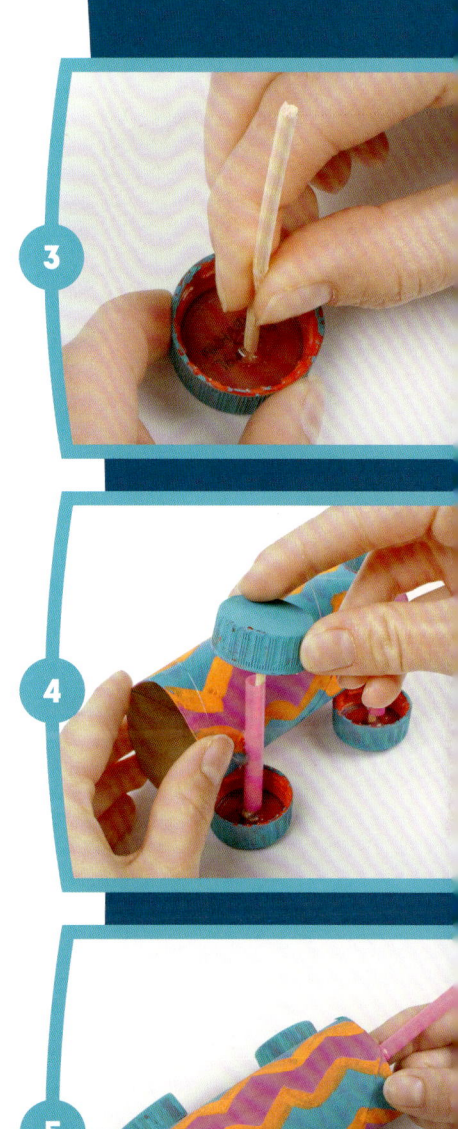

【拓展思维】

　　从本质上来说，刚刚我们制作的这个"小汽车"，是用风力来驱动的。想想看，你能否找到办法，用橡皮筋来代替风力驱动"小汽车"呢？在笔记本上写出你的整套设计方案，然后尝试制作橡皮筋动力"小汽车"。方法可能有很多，你尽可以大胆尝试，然后记录下自己做过哪些尝试，以及哪些方法确实有效。

简单机械结构：轮轴

旋转的勺子

利用水轮的力量

【必备工具】

2个小塑料瓶
尺子
美工刀
胶带
木扦
记号笔
6个塑料勺子
剪刀
水龙头

1. 请你的父亲或者母亲，用美工刀分别将两个塑料瓶从底部切下 5 厘米，然后用胶带将两个瓶底粘在一起。这样一来，我们就得到了一个转轮。

2. 还是让你的父亲或者母亲，用美工刀在每个瓶底的中心位置各钻一个孔。

3. 如图 3 所示的那样，将木扦穿过瓶底中央的孔。

4. 拿来 6 个勺子，如图 4 所示的那样，在每个勺子的勺柄上距离勺匙 2.5 厘米的位置，各做一个标记。然后用剪刀在标记处剪断勺柄。

5. 用胶带将短柄勺子粘在步骤 1 制作的转轮上。需要注意的是，粘勺子的时候，我们要让勺匙朝同一个方向。

6. 如本书第 106 页图所示，打开水龙头，用双手虚捏住木扦的两端，并将勺子移动到水龙头底下，以便让水流冲击勺子。

【拓展思维】

　　刚才我们制作的是一个轮轴结构的简单装置。那么，其中哪一部分是"轮"？哪一部分是"轴"？想想看，你可以用水车来驱动哪些东西？在笔记本上做笔记、画出草图。

什么是滑轮？

滑轮是一种简单的机械结构。通常情况下，滑轮的核心部件，是一个周边有槽、能够围绕中心轴转动的轮子，此外利用滑轮工作，还必须有绳子的配合。我们把绳子嵌在滑轮的沟槽里，拉动它，滑轮就可以转动，进而上下、前后移动物体。单个滑轮往往被固定在特定位置上，我们将需要移动的物体拴在绳子的一端，然后拉动绳子的另外一端。此时，滑轮转动，绳子就能够把物体移动到你想要的位置，而不需要用手直接拖拉物体。

除了单个滑轮之外，还可以同时使用多个滑轮来完成工作，我们称它们为"滑轮组"。以两个滑轮组成的滑轮组为例，其中一个固定在某个特定位置，我们称其为"定滑轮"；另外一个滑轮可以移动，我们称之为"动滑轮"。我们将绳子先后缠绕在两个滑轮上，然后把物体连接在动滑轮一端。这样，我们就组成了一个滑轮组系统。定滑轮可以改变拉力的方向，动滑轮可以改变力的大小。实际上，你还可以继续向滑轮组系统里添加滑轮，通常情况下，滑轮越多，就越省力。不过值得注意的是，滑轮个数越多，你准备的绳子长度就要越长。换句话说，想把物体拖动同样的距离，滑轮个数越多，你拉动绳子的距离就越大。

现在看来，美索不达米亚人极有可能是历史上最早使用滑轮的人类族群，当时他们用绳子和滑轮组成的简单机械结构来提水。几千年以后的阿基米德，则有可能是最早使用滑轮组的人。相传，仅凭一己之力，阿基米德就能利用滑轮组将船只从水中拉上岸！

日常生活中的滑轮

你乘坐过帆船吗？帆船上所用到的索具是指与绳缆配套使用的器材，它就包括滑轮组，水手就是利用它来升起、降下船帆。除了船帆以外，桅杆也是帆船的重要组成部分。水手通过滑轮组来调整桅杆的朝向，以最大限度地利用风能来驱动帆船。

滑轮组是起重机的重要组成部分，它们能够帮助起重机提升沉重的物体。当然，起重机这种复杂程度较高的机械设备，还包含其他简单的机械结构。比方说，起重臂是一个杠杆结构，起重臂和滑轮组相互配合，就能轻松地提升、移动那些又大又重的物体！

无处不在的滑轮!
日常生活中,你可以在以下场景里接触到滑轮或者滑轮组。

从事极限运动的人,需要用到滑轮。一个攀岩运动员,其装备中必定包括金属锁扣,然后他们需要在锁扣里穿入结实的救生绳,以保护自己的生命安全。在这种场景下,救生绳和锁扣发挥出的就是滑轮的作用,它们甚至能够帮助攀岩运动员攀爬那些直上直下的岩壁。你曾经尝试过攀岩运动吗?

你滑过雪吗?通常情况下,滑雪的人都是被滑雪缆车拉上山顶。在滑雪场里,滑雪缆车就是利用了滑轮的原理。滑雪的人到达山顶以后,就可以随心所欲地飞速下滑了!

今天是一个阳光明媚的日子吗？有一类用于遮阳的百叶窗，就是用滑轮来控制的。你向某一个方向拉拽控制绳，就可以打开百叶窗；向反方向拉拽，就可以关闭百叶窗。

卷帘通常也是通过滑轮来控制的。落日的余晖照进房间里，你感觉到晃眼了吗？让我们通过滑轮放下卷帘吧。

你在家里会帮助父母清洗衣物吗？在城市里，有些人会在两个建筑物之间拉晾衣绳，而晾衣绳就缠绕在滑轮上。需要使用晾衣绳的时候，只要我们拉绳子，就可以把湿衣服晾出去、把干衣服收进来。

车库卷帘门的开启和关闭，也是通过滑轮机构来实现的。有了滑轮的帮助，开关车库门就简单多了！家里的推拉门也是通过滑轮实现移动的，你知道吗？

【聚焦】
电梯

伊莱沙·格雷夫斯·奥的斯向世人展示他的安全电梯。

现代型电梯内部有灯光和按键，甚至还能播放音乐和视频，其功能看起来纷繁复杂。不过客观地说，哪怕是再复杂、功能再多的电梯，也是基于各种简单机械制造而成的，而滑轮就是其中不可或缺的一种。实际上，在电梯被发明出来时，滑轮系统已经问世数千年之久了。

18世纪欧洲的宫殿里，就已经出现了现代电梯的前身。1743年，法国国王路易十五在凡尔赛宫安装了"皇家飞椅"，这被认为是"古代版电梯"；80年以后的1823年，两位英国建筑师制造了一个"上升的房间"。现在看来，伊莱

1875年，安装在法国巴黎大歌剧院里的电梯

上图：电梯的滑轮和钢缆
下图：现代封闭式电梯轿厢

沙·格雷夫斯·奥的斯或许是有史以来最为著名的电梯设计师。1857年，奥的斯在美国纽约市安装了第一台安全客运电梯，这台电梯装配有一个安全装置，一旦缆绳意外断裂，那么该安全装置可以立刻被启动，防止电梯轿厢坠落。

现如今，各种类型的电梯都已经投入到了实际应用当中，其中最为常见的是"曳引式电梯"。曳引式电梯的工作原理是：重型钢缆一端与电梯轿厢相连接，钢缆绕过曳引轮，然后另外一端与配重相连接。曳引式电梯由电动机来控制轿厢的运动，由制动器来控制电梯是运行还是停止，以便让电梯能够停在乘客需要到达或者离开的楼层。

现代电梯的安全运行，离不开配重、制动器、电动机等功能单元。不过，滑轮依然是电梯设计的基础，正是由于它的存在，沉重的电梯轿厢才能顺畅地在电梯井里上下移动。

简单机械结构：滑轮

旗帜飘扬

运用滑轮升降迷你旗帜

【必备工具】

木扦
泡沫塑料块
2个线轴
丙烯酸涂料
涂料刷
热熔胶枪和热熔胶棒
绳子
尺子
剪刀
手工泡沫纸

1. 给木扦、泡沫塑料和线轴上色，这样一来，我们的旗杆将变得色彩缤纷。静待涂料干透。

2. 如图 2 所示的那样，将木扦插入泡沫塑料，然后用热熔胶把两个线轴分别粘在木扦的顶部和底部附近。需要注意的是，在粘木扦底部附近的线轴时，要让它与泡沫塑料之间留出一点儿空间。静待热熔胶凝固。

3. 剪一段 60 厘米长的绳子，然后如图 3 所示的那样，将其紧紧地绑在两个线轴上，这样就形成了一个绳圈。用剪刀修剪绳子的两端。

4. 用剪刀将手工泡沫纸剪出一个边长为 5 厘米的等边三角形，在其一边的几个点位分别涂上少量热熔胶。如图 4 所示的那样，将三角形按压在绳子上，注意不要让手碰到热熔胶。静待热熔胶凝固。

5. 我们刚刚制作的线轴，就是滑轮。拉动绳子，我们就可以升起或者降下旗帜啦！

【拓展思维】

只用一个滑轮，你能重新设计一下自己的旗杆吗？将其草图绘制在笔记本上，然后尝试制作。比比看，哪种方案制作出来的旗杆升降旗效果更好？想想看，为什么会这样？

简单机械结构：滑轮

小型百叶窗模型

轻松地打开、收起百叶窗

【必备工具】

木质框架
制作方法请参阅本书第68页至69页"将它们连接在一起（第1部分）"，或者第86页至87页"将它们连接在一起（第2部分）"

尺子
手电钻和钻头
3个羊眼螺钉

纸张
尺寸为28厘米×45厘米

开孔器
粗绳子
剪刀
装饰珠

1. 请你的父亲或者母亲在木质框架顶部下方钻出 3 个孔,其中一个孔位于中间位置,另外两个孔分别位于中间孔左右两侧 9 厘米处。

2. 将两个羊眼螺钉分别拧进两侧的孔中。如图 2 所示的那样,调整它们的朝向,让二者的金属环相互平行。然后,将第 3 个羊眼螺钉拧进中间孔,调整其朝向,让它的金属环垂直于两侧的羊眼螺钉。

3. 反复折叠纸张,将其折成百叶窗的样子。然后将"百叶窗"彻底收起,再在其两端距离边缘 5 厘米的位置上各打出一个孔。要注意,这个孔要打穿所有纸层。

4. 剪一段 1.5 米长的绳子。如图 4 所示的那样,将其一端向下穿过纸质百叶窗一端的孔,然后将一些装饰珠子穿进去,再将绳子向上穿过纸质百叶窗另一端的孔。

5. 将绳子的两端,分别从外向内穿过两侧的羊眼螺钉。

6. 如图 6 所示的那样,将从两侧羊眼螺钉穿进来的绳头,穿过中间那个羊眼螺钉,在距离绳头约 10 厘米的位置上打个结。在绳子两端穿上装饰珠子,在珠子下面再打个结。

【拓展思维】

拉动绳子,你就可以随心所欲地展开、收起百叶窗。试着在笔记本上回答以下问题:在我们制作的这个简易百叶窗模型里,哪个部分是滑轮?除了滑轮以外,百叶窗模型里还包含其他哪些简单机械结构?

简单机械结构：滑轮

轻松提升

【必备工具】

木质框架

制作方法请参阅本书第 68 页至 69 页"将它们连接在一起（第 1 部分）"，或者第 86 页至 87 页"将它们连接在一起（第 2 部分）"

3 个小滑轮

细铜丝

钢丝钳

两个橙子

麻绳

卷尺

发现滑轮组的威力

1. 如图 1 所示的那样，用细铜丝将两个小滑轮绑在木质框架的顶部木板上。

2. 在每个橙子上都绑上麻绳。

3. 将其中一个橙子的麻绳绑在第 3 个滑轮的吊环上。

4. 剪两段麻绳，长度分别为 75 厘米和 1.2 米。

5. 将短麻绳的一端绑在另外一个橙子上。再如图 5 所示的那样，将麻绳的另一端缠绕在框架偏右侧的滑轮上。

6. 将长麻绳的一端绑在框架偏左侧滑轮附近的框架上。

7. 如图 7 所示的那样，将长麻绳的另外一端，先后缠绕在与橙子相连的第 3 个滑轮，以及固定在框架偏左侧的滑轮上。

8. 将两个橙子都放在框架底部，然后拉动麻绳、提起橙子。

【拓展思维】

　　哪个橙子能让你更加轻松地提起来？把两个橙子提升到一个相同的高度，两种方式拉动麻绳的距离是否相同？在由 3 个滑轮组成的滑轮组系统中，会发生什么情况？把你的想法写在笔记本上。

简单机械结构：滑轮

经典晾衣绳

【必备工具】
4 个线轴
3 根木扦
热熔胶枪和热熔胶棒
尺子
铅笔
剪刀
绳子
手工泡沫纸
回形针

利用这个简单的装置，晾晒几件衣服

1. 竖直放置两个线轴，分别在其中插入一根木扦。然后如图 1 所示的那样，在木扦与线轴之间的缝隙处涂上少量的热熔胶，以固定它们的位置。静待热熔胶凝固。

2. 两根木扦的一端已经分别插入了线轴，现在我们将它们的另外一端，分别插在另外两个线轴里。在木扦与线轴之间的缝隙处涂上少量的热熔胶，以固定它们的位置。静待热熔胶凝固。

3. 在每根木扦距离线轴 2.5 厘米的位置做一个标记。

4. 现在我们来处理第三根木扦：先将其尖端剪去，然后如图 4 所示的那样，用热熔胶将其两端分别粘在步骤 3 做出的两个标记位置上。这样一来，第三根木扦就成了一根横杆。静待热熔胶凝固。

5. 量一下横杆的长度，然后剪一段长度为其 3 倍的绳子。如图 5 所示的那样，将绳子先后绕过两个线轴，再将其两端系紧。这样一来，这根绳子在水平方向上形成了一个绳圈。

6. 用剪刀将手工泡沫纸剪出一些衣服的形状，然后用回形针把它们夹在绳圈上。

7. 轻轻拉动绳子，让衣服绕着线轴移动。

【拓展思维】

在我们刚刚制作出来的这套系统里，哪部分是滑轮？哪部分是负载？除了晾衣服以外，使用这一类型的系统，还能移动哪些物体？充分释放你们的想象力吧！然后在笔记本上做笔记、画草图。

简单机械结构：滑轮

拔河

【必备工具】
2 根扫帚柄
绳子

感知滑轮的牵引力

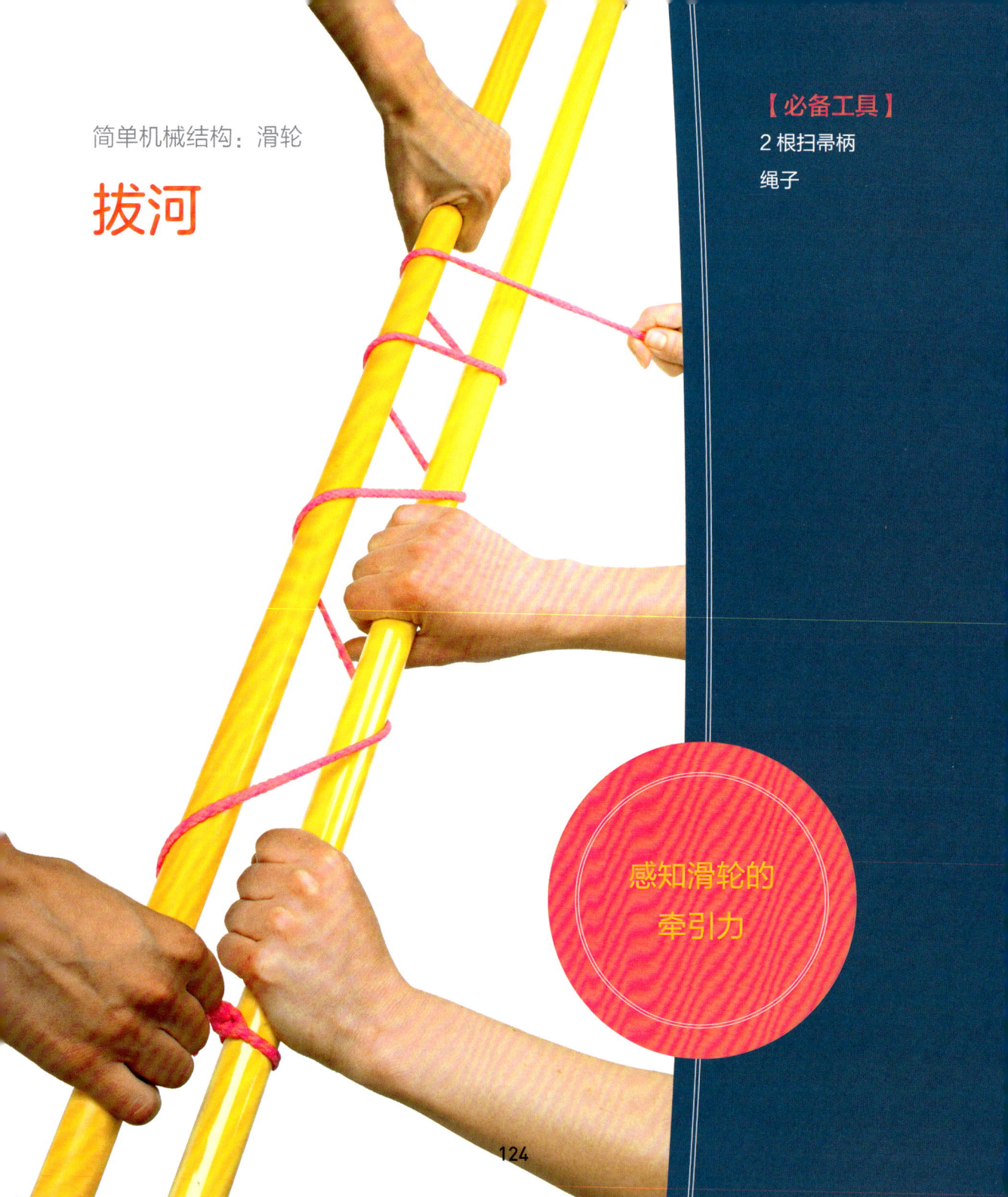

1. 如图 1 所示的那样,将绳子的一端系在一根扫帚柄上。

2. 让你的两个朋友面对面站好,如图 2 所示的那样,每人都双手握住一根扫帚柄。需要注意的是,让你的朋友把扫帚柄端平,在与地面平行的同时,两个扫帚柄也要保持平行。

3. 将绳子缠绕在两根扫帚柄上,一共缠两圈。

4. 如图 4 所示的那样,拉动绳子,同时让你的两个朋友分别将扫帚柄朝自己拉。在这一环节,每个人都要拼尽全力。那么,最终是谁赢得了这场拔河比赛的胜利呢?是握着扫帚柄的两个朋友,还是拉着绳子的你?

5. 增加绳子的缠绕圈数,然后重复步骤 4,看看谁能赢得拔河比赛的胜利。

【需要注意】

在这个游戏里,哪个部分是滑轮?把你的想法写在笔记本上。然后记录下你将绳子在扫帚柄上缠绕的圈数。想一想,用绳子把扫帚柄拉在一起,是容易还是困难?在你增加绳子在扫帚柄上的缠绕圈数以后,再用绳子把它们拉在一起,是变得更容易,还是更困难?如果你的两个朋友扩大两个扫帚柄之间的距离,会产生哪些变化?把所有结果都记录在你的笔记本上。

将它们全部组合在一起！

此前，本书中介绍的六种简单机械结构，是构建机械设备的结构单元，它们每一种都能单独工作，也可以组合在一起发挥出更大的作用。两种或者多种简单机械结构组合在一起，就可以形成一种复杂的机械，它能够让很多工作变得更加简单。

通过联动装置，我们能够将简单机械结构整合在一起，这就形成了复合机械。联动装置是一个总称，它能够以各种不同的方式，将不同的机械结构整合在一起。复合机械工作时，一种简单机械结构完成的工作，会被联动装置传递给下一种简单机械结构，在这个过程中，能量也在发生转移。总而言之，复合机械能够让工作变得更加简单。

日常生活中，你每天都能看到很多复合机械！

【伟大人物】
鲁布·戈德堡

出生：1883 年，美国加利福尼亚州旧金山
去世：1970 年，美国纽约州纽约市

鲁布·戈德堡多才多艺，他在文学创作、工程、雕塑、漫画创作等诸多领域，均取得了巨大的成就，同时他还是一位发明家。戈德堡因其漫画作品而闻名于世，然而值得一提的是，在他的漫画作品中，总是会出现一些复杂程度极高且看似必要性不大的发明创造，这些装置大多是将几个结构单元连接在一起，以完成一项简单的任务，比如清晨喊你起床的设备，再比如捕鼠器。有趣的是，在戈德堡的发明中，大多数都是简单的机械结构！

如何除掉老鼠

鲁布·戈德堡发明的捕鼠器：老鼠（A）扑向画中的奶酪（B），没想到却穿过画布、落在了生着火的热炉子（C）上。为了快速降温，老鼠又跳到了冰块（D）上，然而它的这一举动触发了自动扶梯（E），后者将它"扔"到拳击手套（F）上，拳击手套又将它弹到了绑在微型火箭（H）上的篮子（G）里。最后，火箭发射，老鼠也被带到了月球。

寻找日常生活中的复合机械

你钓过鱼吗？鱼竿和渔线轮就是一种常见的复合机械，它能帮你搞到新鲜的食材！

飞机是一种复合机械，当它在空中翱翔时，很多简单机械结构都发挥了巨大的作用。

日常生活中，复合机械无处不在！以下是你随时随地都有可能看到的复合机械，认真看每一张图片，你能识别出哪些简单机械？然后翻到本书第 130 页和第 131 页，看看你能取得怎样的成绩！

今天晚餐你吃什么？罐头吗？开罐器就是一种复合机械，它可以帮助你打开食品罐！

你每天都骑的自行车，也是一种复合机械。它是由很多简单机械结构共同组成的。具体来说，一辆自行车包括轮轴、滑轮、杠杆以及楔等简单机械结构。试试看，你能找到哪些？

你找到了几种简单机械结构?
以下是答案,对照一下,看看自己能够取得怎样的成绩。

A. 渔线轴是轮轴。
B. 曲柄是杠杆。
C. 鱼竿是杠杆。
D. 渔线缠绕在滑轮上。

A. 飞机机翼的襟翼是杠杆。
B. 机翼是楔。
C. 飞机的机轮是轮轴。
D. 飞机头部是楔。
E. 螺旋桨是螺旋。
F. 飞机尾翼是楔。

A. 开罐器的切割轮是轮轴；切割轮的边缘是楔。
B. 夹持轮是轮轴。
C. 开罐时转动的手柄是杠杆。
D. 你握住的手柄是双杠杆。

A. 自行车车轮是轮轴。
B. 变速器是滑轮。
C. 脚踏板是让自行车链条转动的杠杆。
D. 自行车链条围绕滑轮转动。
E. 制动手柄是杠杆。

简单机械：鲁布·戈德堡

简单的事情复杂做

综合使用六种简单机械结构，以移动两个球体

【必备工具】

剪刀
卫生纸纸筒
丙烯酸涂料
涂料刷
涂料搅拌棒
尺子
锯
热熔胶枪和热熔胶棒
3根木质工艺棒
2个微型木钉
泡沫塑料球
木扦
6把塑料勺子
硬质涂覆电线
长度为30厘米

铁丝绒条
2个纸杯
绳子
木质框架和滑轮
参见本书第120页至第121页，"轻松提升"

泡沫工艺板
钢笔
钉子
锤子
橡皮图章
橡皮球
大理石珠

准备工作

1. 如图 1 所示的那样,将卫生纸纸筒从中间一剖两半,然后给两部分都上色,静待涂料干透。

2. 请你的父亲或者母亲帮忙,从搅拌棒上锯下 15 厘米长的一段,给它上色,静待涂料干透。如图 2 所示的那样,在其一面的两侧涂上一排热熔胶,静待热熔胶凝固。

3. 给 3 根木制工艺棒上色,静待涂料干透。如图 3 所示的那样,用热熔胶将微型木钉粘在两根工艺棒的中间位置,在其中一根工艺棒一侧的边缘位置涂上一排热熔胶,静待热熔胶凝固。

4. 给泡沫球上色,静待涂料干透。锯下一截长 12 厘米的木扦,然后将其穿过泡沫球的中心。锯掉塑料勺子的勺柄,然后如图 4 所示的那样,将无柄勺子插进泡沫球中,让几个勺子均匀分布在木扦的周围。需要注意的是,这一步要让所有勺子的朝向保持一致。

5. 如图 5 所示的那样,将电线松散地缠绕在第三根木质工艺棒上,让金属线的一端露出 5 厘米,再将其折回原位,这样我们就做成了一个手柄。

6. 剪下一段长度为 15 厘米的铁丝绒条,如图 6 所示的那样,将其折成一个三角形。将铁丝绒条的两端扭在一起,然后进行修剪。

7. 在一个纸杯的两侧打出对穿的孔,然后如图 7 所示的那样,将绳子穿过两个孔洞,并且在纸杯上方打一个结。修剪绳子的端头。

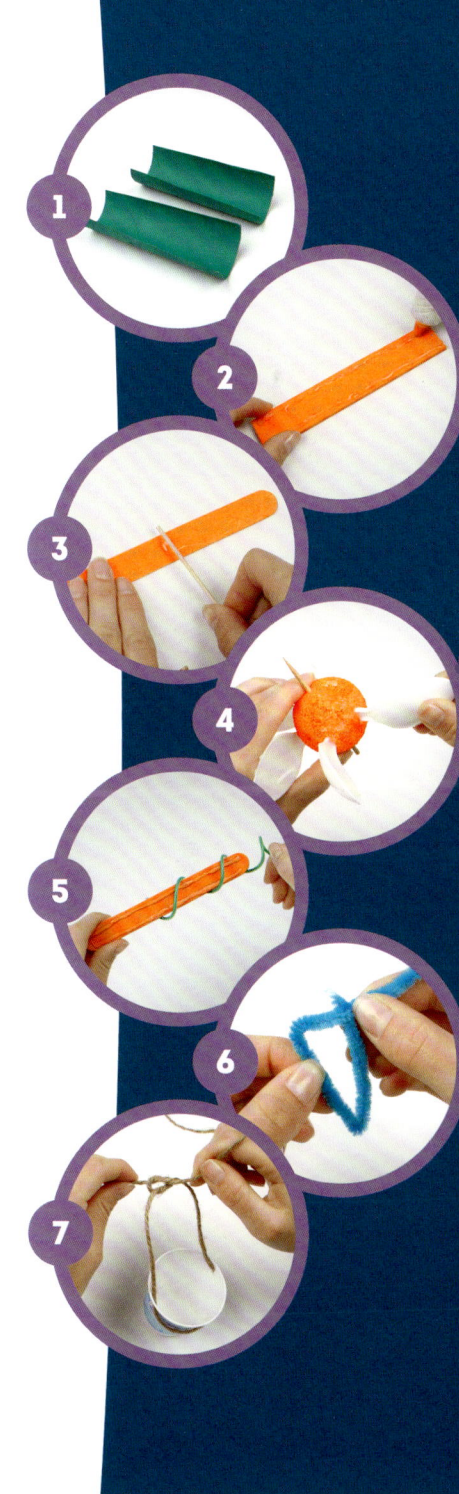

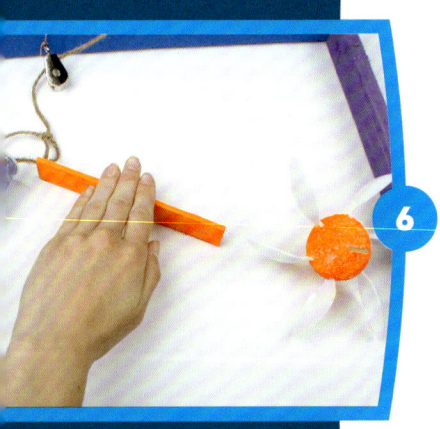

制作过程

1. 从木质框架上拆掉一个滑轮，然后改变另外一个滑轮的位置，将其稍稍移向角落。

2. 把木质框架平放在泡沫工艺板上，然后用笔在泡沫工艺板上描绘出框架的轮廓。拿开木质框架，按照泡沫工艺板上的轮廓剪下一个正方形。请你的父亲或者母亲帮忙，用锤子和钉子将正方形泡沫工艺板固定在木质框架上。然后把框架翻过来。

3. 为行动制订计划！如图 3 所示的那样，将你之前准备好的各种零部件，都放置在框架内。仔细检查一下，看看它们是否都能够正常工作。

4. 将绑在杯子上的绳子缠绕在滑轮上，然后将杯子移动到滑轮下方 8 厘米处。将杯子侧放，在整个机器做完以后，它需要一定的空间来翻转。

5. 将插有塑料勺子的泡沫球放置在框架的另外一侧，高度略低于杯子。

6. 如图 6 所示的那样，沿着涂料搅拌棒的一侧涂上热熔胶，然后将搅拌棒以一定的角度按压在泡沫工艺板上，从而在杯子和塑料勺子之间形成一个斜坡。需要注意的是，我们要确保涂有热熔胶的一面朝上，而且搅拌棒不能与塑料勺子和纸杯相接触。

7. 将插在泡沫球上的木扦穿过泡沫工艺板，要确保其位置的合理性：当泡沫球旋转时，它上面的塑料勺不能与搅拌棒或者是框架的边缘发生接触。

8. 如图 8 所示的那样，将第二个纸杯用热熔胶粘在泡沫球左侧下方的泡沫工艺板上。

9. 之前我们曾经将一个卫生纸纸筒一剖为二，并且已经为其上色。拿过其中的一个，在其边缘处涂上热熔胶，然后将其粘在泡沫工艺板上作为斜坡，其相对较高的一端靠在泡沫球侧下方的框架上，相对较低的一端则位于杯子的侧下方。需要注意的是，我们要在斜坡下端与框架底部之间，至少留出 5 厘米的距离。

10. 取过带有热熔胶条（已经干透）的工艺棒，将粘在上面的微型木钉插在泡沫工艺板上。这样一来，工艺棒也成为一个斜坡，其相对较高的一端，与卫生纸纸筒斜坡的较低一端持平。

11. 取过另外一根粘有微型木钉的工艺棒（没有涂抹热熔胶也没有缠绕电线的那根），将微型木钉插在泡沫工艺板上。微型木钉的具体位置，要比另外一根工艺棒高出约 2.5 厘米。需要注意的是，这跟工艺棒的左端，应该靠近木质框架的左侧内边缘，而右端则应该位于另外一根工艺棒的左端上方。

12 在距离框架顶部 10 厘米左右的位置上，用剪刀在泡沫工艺板上戳出一个水平的缝隙。如图 12 所示的那样，将缠绕有电线的工艺棒手柄末端朝外插入缝隙，然后再用热熔胶将工艺棒粘在泡沫工艺板上。

13 取过另外一半的卫生纸纸筒，在其一个边缘涂上一排热熔胶。如图 13 所示的那样，将卫生纸纸筒粘在泡沫工艺板上，令其在缠绕有线圈的工艺棒附近形成一个斜坡。需要注意的是，我们要将卫生纸纸筒粘在工艺棒右侧，并且让它朝向框架右边缘倾斜，同时要在卫生纸纸筒和框架之间留出 2.5 厘米的空间。此外，我们还要确保斜坡下边缘不会阻碍下方勺子的旋转。

14 取过穿有绳子的纸杯，将其放置在框架内部偏左的位置上，使其杯口边缘刚好位于搅拌棒较高一端的下方。然后将绳子向下拉至框架左下角工艺棒较高一端的上方。将绳子绑在橡皮图章上，使图章放在工艺棒上的时候，绳子能够被绷紧。剪掉绳子末端多余的部分。

15 取过由铁丝绒条做成的三角形，如图 15 所示的那样，将其放置在框架左下角工艺棒左端的下方。需要注意的是，我们要将铁丝绒条三角形的尖端朝下放置。然后，我们将橡皮图章放置在由三角形支撑着的工艺棒上。

16 将框架水平放置，然后轻轻地把像皮球放在穿有绳子的纸杯里。需要注意的是，在整个过程中，杯子应该始终保持在相对高位，而橡皮图章应该保持在相对低位。至此，我们已经做完了所有的前期准备工作！

具体工作流程

1 小心地将框架直立起来，然后取过大理石珠，将其放在最高的工艺棒的电线线圈之间且靠近线圈手柄的位置上。用手柄转动电线，大理石珠就会沿着工艺棒移动，当其移动到泡沫工艺板上时，就会掉落到右侧由卫生纸纸筒制成的坡道上。

2 在重力的作用下，大理石珠向下滚落，它将依次经过相对高位斜坡、框架侧边缘、插有塑料勺子的泡沫塑料球、相对低位斜坡，然后滚到框架右下方的工艺棒上。

3 大理石珠继续滚落，它经过第一根工艺棒之后，滚到第二根工艺棒的下方。一切顺利的话，大理石珠应该能够将支撑左下方工艺棒的铁丝绒条三角形撞倒。

4 失去支撑的工艺棒立刻失去了平衡，而橡皮图章也因为失去支撑而下落，进而通过滑轮将绳子另外一端的纸杯抬升。

5 如图 5 所示的那样，一旦纸杯被抬升，其杯口的边缘就会被右侧的搅拌棒卡住，这将导致杯子倾倒，杯子里面的橡胶球就会滚落出来。一切顺利的话，橡胶球会从右侧的坡道滚下，在经过插有勺子的泡沫球之后，它应该掉落在另外一个杯子里。至此，我们的工作圆满成功！

【拓展思维】

我们刚刚制作出来的鲁布·戈德堡装置，每个部件分别代表哪种简单机械结构？你的工作完成得怎么样？装置是否能够按照计划来正常工作？如果没有，那么请在做出必要调整之后重新进行实验。在你的笔记本上，记录下哪些部件能够正常工作、哪些不能。然后制定计划，并且制造出一套全新的装置。请牢记一点：没有什么是不可能的！

就是这么简单！

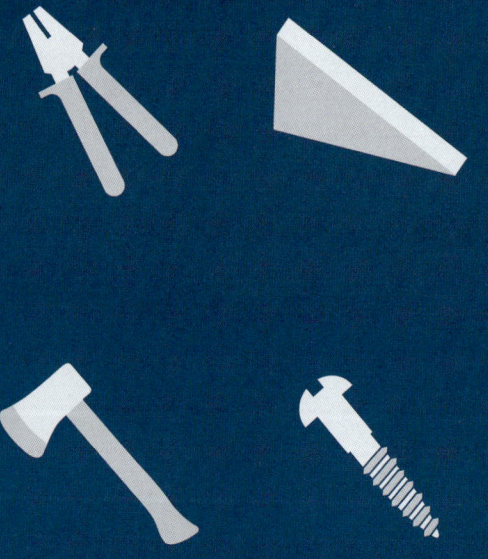

日常生活中，你总是能够轻而易举地发现几种简单机械结构，在经过观察、思考之后，你还能发现更多的简单机械结构。我希望，你们能够将本书作为学习简单机械结构的一个起点。相信我，只要随身带好笔记本和铅笔，稍稍留意一下，你就可以在生活中发现那些简单的机械结构。每次遇到它们，你都做好记录，用不了多久，你的笔记本就会写满简单机械结构的相关内容了！